U0107139

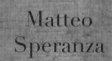

Matteo
Speranza

古巴雪茄手册

The Cuban Cigar Handbook

〔加〕马特奥·斯佩兰扎 ◎ 著

四川中烟工业有限责任公司 ◎ 译

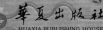

华夏出版社
HUAXIA PUBLISHING HOUSE

图书在版编目（CIP）数据

古巴雪茄手册 /（加）马特奥·斯佩兰扎（Matteo Speranza）著；四川中烟工业有限责任公司译 . -- 北京：华夏出版社有限公司，2023.4
书名原文：The Cuban Cigar Handbook
ISBN 978-7-5222-0396-6

Ⅰ.①古… Ⅱ.①马… ②四… Ⅲ.①雪茄 - 古巴 - 手册 Ⅳ.① TS453-62

中国版本图书馆 CIP 数据核字（2022）第 145823 号

The Cuban Cigar Handbook

Copyright © 2016 by Appleseed Press Book Publishers
All rights reserved

本书中文版权归四川中烟工业有限责任公司所有，未经许可，禁止翻印。

北京市版权局著作权合同登记号：图字 01-2022-0881 号

古巴雪茄手册

著　　者	〔加〕马特奥·斯佩兰扎
译　　者	四川中烟工业有限责任公司
责任编辑	霍本科
责任印制	刘　洋
出版发行	华夏出版社有限公司
经　　销	新华书店
印　　装	三河市万龙印装有限公司
版　　次	2023 年 4 月北京第 1 版　2023 年 4 月北京第 1 次印刷
开　　本	787×1092　1/16
印　　张	18.5
字　　数	250 千字
定　　价	88.00 元

华夏出版社有限公司　社址：北京市东直门外香河园北里 4 号　邮编：100028
网址：www.hxph.com.cn　电话：010-64663331（转）
投稿合作：010-64672903；hbk801 @ 163.com
若发现本版图书有印装质量问题，请与我社营销中心联系调换。

本书编译组

编　译　李东亮　蔡　文　黄　洋　郭　佳
审　稿　李东亮

目　录

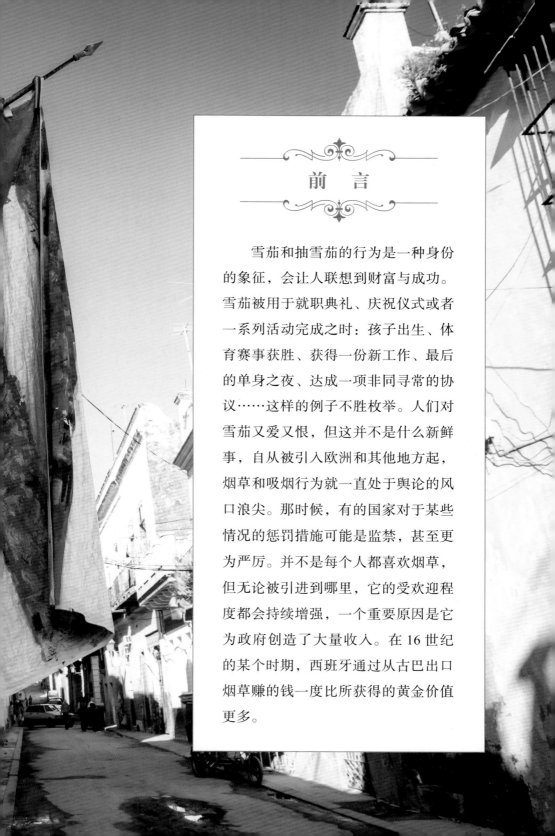

前　言

　　雪茄和抽雪茄的行为是一种身份的象征，会让人联想到财富与成功。雪茄被用于就职典礼、庆祝仪式或者一系列活动完成之时：孩子出生、体育赛事获胜、获得一份新工作、最后的单身之夜、达成一项非同寻常的协议……这样的例子不胜枚举。人们对雪茄又爱又恨，但这并不是什么新鲜事，自从被引入欧洲和其他地方起，烟草和吸烟行为就一直处于舆论的风口浪尖。那时候，有的国家对于某些情况的惩罚措施可能是监禁，甚至更为严厉。并不是每个人都喜欢烟草，但无论被引进到哪里，它的受欢迎程度都会持续增强，一个重要原因是它为政府创造了大量收入。在 16 世纪的某个时期，西班牙通过从古巴出口烟草赚的钱一度比所获得的黄金价值更多。

烟草的确切起源不详，是科学家们也没有达成一致意见的一个问题，但其范围已被缩小到美洲之内，一直到加拿大。可以确定的是，1492 年最早发现烟草和古巴的欧洲人将烟草带回了西班牙。今天我们知道，在他们发现之前，烟草已经被使用几个世纪了。克里斯托弗·哥伦布和他的探险队注意到，泰诺族印第安人（Taino Indians）在仪式上通过一根管子抽吸烟草；根据记载，他们还看到当地人吸一种东西，从描述来看，那就像原始的雪茄。

烟草经过一段时间才在西班牙和欧洲其他地方流行起来，但是最终还是成为美洲殖民化的催化剂。16 世纪末、17 世纪初，第一个烟草种植园在古巴建立；还未到 17 世纪末，烟草产业已经超过蔗糖，养活了大部分人口。到 19 世纪，古巴岛上有 5500 个种植园。烟叶被运往西班牙的加的斯（Cadiz）和卡塔赫纳（Cartagena）港，以及西班牙的莫格尔（Moguer）、塞维利亚（Seville）和葡萄牙的里斯本（Lisbon）市。最终，烟草传播到了欧洲的其他地方、俄罗斯和亚洲，尽管在有些地方是几十年后的事了。

在起初的大约一百年时间里，从新大陆运来的烟叶在西班牙卷制成雪茄。经过很长时间，人们才发现卷制好的雪茄比松散的烟叶更好运输。18 世纪晚期，针对出口的雪茄卷制行业在古巴（哈瓦那）

开始发展，缓慢且规模很小；但是到了下个世纪成为一种常态，这使得烟草产业成为当时商业版图上的一个显著特征。

在 20 世纪，虽然古巴雪茄仍然葆有大名，但是古巴的雪茄产业经历了许多起伏。随着 1898 年第二次独立战争的结束，20 世纪在一种阴沉的氛围中开始了。土地和产业，包括烟草，被破坏到几乎无法恢复的地步。原有品种的烟草种子不得不从墨西哥进口。所有权和发展方向都发生了改变，但是该产业坚持了下来，生产又一次开始攀升，直到 1929—1939 年间的大萧条。

大萧条的影响对于美国来说是显而易见的，但它的影响并不止于美国。由于这一时期美国和古巴存在极强的经济联系，古巴的雪茄销量又一次受到打击。毕竟，当你吃饭都有困难的时候，雪茄并不是必需品。20 世纪 50 年代中期之前，古巴生产的雪茄有一半销往美国，还有三分之二的烟叶也是如此，这些烟叶大部分在佛罗里达和新泽西的工厂中卷制成雪茄。

在菲德尔·卡斯特罗领导的革命之后，雪茄产业再一次受到打击，许多人逃离了这个国家。虽然古巴女性已经参与雪茄产业，但是直到 20 世纪 60 年代末，她们才被欢迎进入雪茄卷制车间（galera）。在那之前，雪茄卷制工作是独属于男性的领域。由于缺乏卷制工，西莉亚·桑切斯（Celia Sanchez）开设了埃尔·拉吉托（El Laguito）工厂，正式创立了高希霸（Cohiba）品牌，为女性打开了参加卷制工作的大门。高希霸仅在这家工厂、仅由卷制车间的女性卷制。如今埃尔·拉吉托依然只卷制高希霸雪茄，但你会发现卷制者既有男性又有女性。

经过调整，烟草和雪茄的生产再一次恢复到以前的水平，直到1979年霜霉病爆发，毁掉了当年的几乎全部收成和来年的大部分收成。20世纪80年代末和90年代初，雪茄的生产水平和质量得到提高，与此同时，抽雪茄也重新流行起来。为了抢占新市场，2000年的雪茄生产过剩，且质量下降。2002年，跨国公司阿塔迪斯（Altadis）收购了哈伯纳斯公司（Habanos S.A.）的控股权，情况开始好转。

在革命之后的1962年，烟草业被收归国有，古巴政府创办了古巴烟草公司（Cubatabaco）来处理所有与烟草有关的事。1994年哈伯纳斯公司成立，负责销售业务；2001年古巴烟草集团（Tabacuba）成立，负责生产业务。

就像20世纪初和1959年革命之后那样，古巴的雪茄产业再一次走到了十字路口。由于天气原因，本世纪头两年是糟糕的年头，现在产业正在反弹，加上与美国关系的升温，使市场发展成为一种可能。当这种可能成为现实的时候，古巴是否有能力应对产量的增加，雪茄的质量又会怎样呢？

当谈到雪茄生产时，大部分抽雪茄的人除了卷制台并不能想到太多，但实际上远不止这一点；就古巴而言，有时情况也各不相同，让人感到困惑。即使是成品，也要经过几个步骤才能送到吸烟者的嘴边。在比那尔·德·里奥（Pinar del Rio）的农场，你可以了解烟叶的种植、收获和熟化；在工厂里，你可以了解烟叶的加工过程。

在古巴，烟草的生长季始于10月中旬，大约在12月底结束。然而，这还不是一切的起始。6月到8月的整个夏天要管理土地，9月幼苗开始生长（至少要45天），直到11月初。

　　烟草有两种生长模式，一种是遮阴生长（tapado），这些烟叶用作茄衣；另一种是露天生长，这些烟叶用作茄芯和茄套。烟株由三部分组成：顶部受光较多的叶子叫浅叶（Ligero）（强烈而且浓郁），中部的叶子叫干叶（Seco）（适中，用来增加芳香），底部的叶子叫淡叶（Volado）（较淡，用来提高燃烧质量）。茄衣烟叶更难生产，但可获得的利润最多。

　　烟叶收获从12月某个时候开始，到次年3月结束。从栽种到摘收完毕，露天生长的烟草要用16周，遮阴生长的烟草要用17周。烟株不是一天就收获完的。从植株底部开始，每隔几天摘收一次，每次2到3片叶子。摘下的叶子运到熟化仓库（curing barn），成对地挂在杆子上，然后将杆子放到支架底部，当烟叶开始从绿色变成金棕色时，把它们向支架顶部移动。农民或者说烟草种植者不间断地进行监测，通过开关门窗保持空气畅通，以此来人工调控仓库内的温度和湿度。这个过程需要大约50天。

　　农民将烟叶熟化好之后，就以固定的价格卖给国家。农民只能将烟叶卖给政府，而且只能留下配给给个人消费的部分。一旦国家从农民手中买入烟叶，此后的责任就将由它承担。

CARNAVAL
EN LA HABANA

烟叶的价格是根据质量来确定的，而质量又与烟叶的分类和归入的组别有关。

茄衣烟叶根据大小、纹理和颜色可以分为50多个类别。烟叶在农民的仓库里经过了初次发酵，但在这里，在分类之后存放的仓库中，它们要进行另一次发酵。经过此次最终发酵，这些烟叶要放在架子上晾晒几天，然后捆成捆进行陈化，根据烟叶的不同，陈化时间有时可多达两年。每个烟捆上都标有烟叶的信息：收获和包装的日期，大小和强度，以及混制时的特性。所有这些都完成可能长达两年，之后这些标注详明的烟捆将进入全国的——不过大部分在哈瓦那——各家工厂。

即使这些都做完了，我们也没有得到成品。烟叶现在在工厂；当然，每年都有稳定的供应来补充用掉的烟叶，如果雪茄田里一切顺利的话。当烟叶进入工厂之后，它们还要经过另外一系列步骤才能被卷制成雪茄，雪茄也要经过一些步骤才能被装入雪茄盒。

1. 加湿（La Moja）：准备好茄衣烟叶，此时它们可能有点干。将烟叶分开，喷洒水雾以增加湿度，好让它们更容易处理。抖掉多余的水分，以免烟叶沾染污渍，然后将它们挂在架子上，使其均匀地吸收水分。在此之后，它们将被送入下一个部门进行处理。茄芯和茄套烟叶要从烟捆中取出以检查湿度，根据分拣时的需要补充或去除水分。

2. 除梗（Despalillo）：在剥离部门，烟叶中间的主叶脉会被去除，烟叶分成两半。技术工人还会根据颜色、质量、大小对烟叶进行分级和处理。这项工作通常由女性来做。

3. 调配（La Barajita）：茄芯和茄套烟叶需要进入调配部门。小心地从烟捆中将烟叶取出，分开，然后挂在架子上，让它们吸收适量的水分。当烟叶可以进行处理时，调配师（Ligador）会根据烟捆上标注的信息，将卷制雪茄所需的不同烟叶放在一起。每名卷制工都会拿到一堆烟叶——茄衣、茄套、干叶、淡叶、浅叶，并被告知如何组合以及当天要卷制的雪茄型号（vitola）。根据哈伯纳斯公司和监管委员会（Regulatory Council）的说法，每种雪茄都有特定的混合方式，调配师要确保它得到遵循。在工厂里，调配师是唯一一个知道所有雪茄混合配方的人。他拿到生产计划后，会根据清单从比那尔·德·里奥的仓库订购所需的烟草。

4. 卷制（Galera）：在卷制车间，每名卷制工都有属于自己的工作台和工具，以此来完成每天的任务。卷制工一旦被分配了任务，就要根据雪茄的规格，每天卷制出一定数量的雪茄。对于较小型号来说，平均每天约 100 支。

5. 质检（Revisa）：在质控室，要对雪茄的结构质量做一系列检查。在这里，要逐一检查每支雪茄是否有缺陷，既要用眼观察，又要用手触摸，并且须确保它们达到准确的规格（长度和环径）。如果茄衣有瑕疵或者被挤压过，它就会给人或太紧或太松的感觉，这样的雪茄会

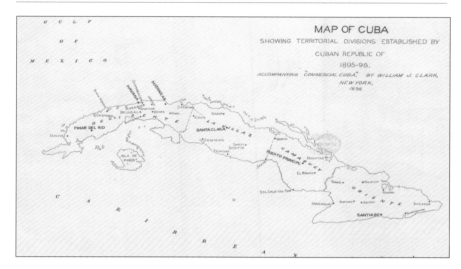

被放到一边，卷制工会被扣除部分工资。装雪茄的盒子上会标明卷制工的名字。一名卷制工一天的产品中出现一两根不合格的，没有问题；但是如果超过这个量，并且每天都发生，那么这个卷制工可能需要降级。

6. 入柜（Escaparate）：通过质量检查后，雪茄会被装入橱柜。在这里，要对雪茄进行熏蒸，杀灭其中的真菌和昆虫，之后存放大约一周以调节湿度。在被送到下个部门之前，雪茄会释放出多余的水分。

7. 分拣（Escojida）：分拣的时候，雪茄会被摆在色选台（Mesa de Seleccion de Colores）上。据说（雪茄的）棕色可以分为60多个色度，分拣师（Escojedores）都是有天赋的人，比普通人更擅长区分它们。这一过程要确保每个盒子里盛装的雪茄都是同样的色度或颜色。在这一过程中的任何时候，分拣师都有权丢弃任何一支雪茄，这相当于另做了一次质控抽查。

8. 贴标（Anillado）：茄标部是给雪茄贴茄标的地方。在送到这里之前，雪茄已经按色度分好类并且装盒，最好的一面朝上，但是没有茄标。在这个部门，工人将小心地取出雪茄，贴上茄标，然后根据接收时装盒的样子将它们放回去，也就是说，最好的一面朝上（朝外）。

9. 装饰（Filetiado）：雪茄盒是装饰部门准备的，之后它们将装

满雪茄。这些盒子还会用精致的、爱好者们非常熟悉的盖纸装饰。

10. 包装（Embalaje）：包装是雪茄送到仓库、准备上市之前的最后一步。雪茄盒装进大纸板箱，箱子上印着所装雪茄的信息：品牌、类型、数量、重量、日期和工厂名称。

11. 评吸（The tasting panel）：将这一步放在最后，是因为在乌普曼（H. Upmann）工厂，每天早上要为前一天的工作成果而做这件事。在评吸室，大约有 12 名来自不同部门的工人坐在一起，为前一天的工作成果做最后的检查，从多名卷制工卷制的雪茄中抽出样品再次进行评测并为其评级。同样，如果没有达到工厂的标准，卷制工将受到惩戒。

最后，雪茄被装进大箱子里，箱子上印着相关信息，它们被运送到哈瓦那的一个仓库，从那里再运往古巴其他地方和世界各地。古巴的雪茄工厂生产的雪茄，并不会直接在与该厂相关的商店销售，即使它拥有一家商店也是如此。每个国家都只有一个雪茄进口商，它进口雪茄，继而卖给国内的各家雪茄店。

现在你明白了，这肯定远远超过了一般雪茄客所能预料的。正如我前面说明的，对于一支雪茄来说，除了卷制台，还有更多的东西。无论是关于雪茄的看法还是这一行业本身，雪茄已经见证了许多变化，但有一些事情保持不变。古巴生产世界上最好的烟草，这一看法就一

直未变。环境、制造业、成品结构可能发生变化，但是烟草质量和它们生长的土壤没有改变。

下次点燃一支哈瓦那雪茄的时候，让我们试着回想起这些。

——马特奥·斯佩兰扎（Matteo Speranza）

拉迪亚德·吉卜林谈雪茄

约瑟夫·拉迪亚德·吉卜林（Joseph Rudyard Kipling），英国短篇小说家、诗人、记者、长篇小说家，小说作品包括《丛林之书》（*The Jungle Book*）（1894年）、《基姆》（*Kim*）（1901年），短篇小说和诗歌《要做国王的人》（"The Man Who Would Be King"）（1888年）、《曼德勒》（"Mandalay"）（1890年）、《甘加·丁》（"Gunga Din"）（1890年）、《手抄本标题之神》（"The Gods of the Copybook Headings"）（1919年）、《白种人的负担》（"The White Man's Burden"）（1899年）和《如果》（"If—"）（1910年）。1907年，他获得诺贝尔文学奖。

据说吉卜林受到启发，写下了关于抽雪茄的最著名的诗句，以向他可能读过的一篇报纸文章致敬。1888

年 8 月 1 日，报纸上登出一篇《违背婚约》（ "Breach of Promise of Marriage" ）的文章，讲述了发生在格拉斯哥（Glasgow）的一个著名案例。威廉·柯克兰（William Kirkland）被他的未婚妻——一个名叫玛姬·沃森（Maggie Watson）的年轻女人起诉。沃森坚持要柯克兰在他们结婚后戒掉雪茄，她认为这是一种令人讨厌的习惯。柯克兰拒绝了这个要求，同时也拒绝这个新娘。他们在法庭上解决了这件事。以下就是这起婚姻纠纷所启发的结果：

未婚妻

"你必须在我和雪茄之间做出选择"
违背婚约案，约 1885 年

打开旧雪茄盒，给我来瓶古巴黑啤，
因为有了分歧，玛姬和我结束了。

我们为哈瓦那吵架——我们为一支优质雪茄争斗，
我知道她很苛刻，她说我是个畜生。

打开旧雪茄盒——让我考虑一下；
在柔和的蓝色烟雾中凝思着玛姬的面容。

玛姬长得很漂亮，她是个可爱的姑娘，
但最美的脸颊也会起皱纹，最真挚的爱情也会消逝。

拉腊尼亚加雪茄里藏着平和，亨利·克莱雪茄里藏着宁静；
但最好的雪茄也会在一小时内抽完并被丢弃——

丢弃它，拿起另一支完美、浓郁、棕色的雪茄——
但是我不能随便抛弃玛姬，因为我害怕镇上人们的闲话！

玛姬，我的妻子，到五十岁时——头发花白，了无生气，沉沉老去——
无论用爱情还是用黄金都买不来第二个玛姬！

曾经的光明已经变成黑暗，
爱的火炬难闻而且陈腐，就像一个熄灭的雪茄蒂。

一个你不得不留在口袋里的雪茄蒂——

尽管它已焦黑，不能点燃，但你永远不能抽一支新的！

打开旧雪茄盒——让我考虑一下；
这是一支柔和的马尼拉雪茄——有着妻子般的微笑。

哪个更好——买来戴着戒指的束缚，
还是五十名用丝带束在一起的深肤色美人组成的后宫？

律师们狡猾而沉默——安慰者真诚而努力，
而这五十人中，绝不会有一个会嘲笑作为对手的新娘。

清晨的关怀，悲伤时的慰藉，
寂静黄昏时的平和，临终前的安慰，

这是这五十人会给我的，不求回报，
只带着殉情者的激情——尽自己的职责，燃烧。

这是这五十人会给我的。当她们耗尽生命并且死去，
又会有五倍的五十人来做我的仆人。

遥远的爪哇的烟田，加勒比海的岛上，
当他们听说我的后宫空了，就会再次为我送来新娘。

我不用操心她们的衣饰，也不用顾虑给她们食物，
只要海鸥还在筑巢，只要阵雨还在下。

我要用最好的香草来熏染她们，用茶水来滋润她们的皮肤，
听过关于我的新娘的传说的摩尔人和摩门教徒会心生嫉妒。

玛姬给我写了一封信，让我做出选择，
在这卑微呜咽的爱情和天赐的伟大尼古丁之间。

我做爱情的仆人才不过一年，
但我做古巴雪茄的教徒已经七年；

我点燃雪茄，为了友谊，为了快乐，为了工作，为了战斗，
单身时的忧郁被快乐的火光点亮。

我把目光转向玛姬和我的未来，
但是那片沼泽里唯一的光亮是难以捉摸的爱。

它会使我平安度过旅程，还是让我陷入泥潭？
既然一口烟气就能使它模糊不清，我还应不应该追逐那忽明忽暗的火焰？

打开旧雪茄盒——让我再次考虑——
老朋友们，玛姬是否值得我把你们抛弃？

有一百万个玛姬愿意背负枷锁；
女人只是女人，一支好雪茄却是一次吐雾吞云。

点燃另一支古巴雪茄——我坚守我的第一个誓言。
如果玛姬不愿有对手，我也不会娶她做配偶！

古巴国家酒店(哈瓦那)

要问任何一个经常去哈瓦那旅游的雪茄客,在那座城市他最喜欢哪个露台,最可能被提到的是国家酒店(Hotel Nacional)那个。每次跟这帮人去哈瓦那旅行,我通常最少要去一趟国家酒店(或更多),基本上只是闲逛,抽一两支烟,在一天的任意时间……有一天早晨,我甚至在那里吃了早餐,咖啡加牛奶,牛角面包,注意,那是我的早餐。"卡巴莱巴黎秀"(Cabaret Parisien show)开始前,我们在露台旁边的棚屋里吃了饭,但不记得有什么好吃的。我还没在主餐厅吃过饭,但在楼下的游廊吃过自助早餐,感觉相当不错。卡巴莱巴黎秀(2000年恢复)是热带风情秀的缩小版,价格只相当于它的零头……而且是在城市里,一切都很近。我记得我可以一边抽雪茄一边看,不知道现

在是否还允许这么做，但在看热带风情秀时是不能抽的。我租住在附近的时候，去赌场参观过几次。我喜欢那里，没有流氓，大部分是顾客，也有不是顾客的成熟的人。如果你不是顾客，进入赌场是要收费的，但大部分钱都可以用消费来代替，在赌场边买吃的或喝的。他们售卖一些很棒的三明治和啤酒，还有一个拥有所有典型鸡尾酒的标准酒吧。我多花了几美元，使用了紧挨着赌场的空调健身房，那里有锻炼所需的基本装备。周二和周六晚上，所谓的"好景俱乐部"（Buena Vista Social Club）在这里的会客厅演出，但他们不是我们在电影里看到的那些人。那些人大部分都已经死了，乐队也不会是真正的乐队，除了进行电影巡演的时候。不定哪位原成员偶尔会出现……例如贝斯手或长号手，大部分主要人物都去世了。有一个地方我花了很长时间才发现，有些人叫它博物馆。实际上这是一个酒吧，他们称之为"名人堂"（hall of fame）。房间里装饰着一台古董点唱机，还有许多来过这家酒吧的名人照片。当然，房间里有一个储酒丰富的酒吧台，对于那些从海上吹来的微风有点太凉的夜晚来说，这是绝佳的地方……那是会发生的。有一个地方我们不能忘记，那是礼品店下面的雪茄店。可爱且富有才干的米拉格罗（Milagro）是那里的卷制师。进去时总有一个门卫等着为你开门，出来时出租车总是停在你的左边……如果没有，你只需要走到房屋的外面。

　　就酒店而言，尽管多年来它获得了大量的赞誉，但我曾听住过这里的不同的人说，除了它的历史，当然还有它的露台，它并不属于这座城市里最好的酒店，尤其是考虑到你支付的费用。它肯定不像它声称的那样是五星级。房间非常过时，有些闻着有霉味，而且管道陈旧，有时会出现问题。人们总是以一种积极的态度来谈论其中的服务，问题（如果有的话）也得到了解决。如果可能发生的小麻烦不会让你困扰，这是一个很棒的酒店，位置绝佳，在步行可到的距离内就有很棒的餐厅和夜总会。露台无与伦比，是给你的夜晚收尾的绝佳地点，你永远不知道谁会到场。

　　你有没有想过为什么那些大炮会在露台后面？几个世纪以前，哈瓦那不断受到海盗袭击，1762 年英国还曾占领这座城市（一年后归还给西班牙），此后西班牙人决定构建大量防御工事，包括这个（现在被酒店的花园占用）叫作圣克拉拉的炮台，它可以追溯到 1797 年。1982 年，它被联合国教科文组织列为世界文化遗产地。克虏伯和奥多涅斯（当时世界上最大的大炮）是此处所装防御系统遗留下来的大炮。

　　周一到周五上午 10 点和下午 4 点，以及周六上午 10 点，有导游带领参观酒店，并简单介绍酒店的历史。酒店有 457 个房间，距离机场 20 公里，距离圣玛利亚海滩 20 公里。除了我之前提到的赌场和健身房，这里还有网球场、桑拿房以及按摩和医疗服务。乘短程出租就可以到达哈瓦那老城，但你不需要走太远就能享受到很棒的餐馆和夜生活。

　　在好的坏的都讲过之后，你可能会问：我还要说什么？我应不应该现在就预订？我不得不说，就历史价值而言，没有哪家酒店能超过它，但对你来说，它的情感属性是否比现代化和便利更有意义呢？这是只有你才能做出的决定和判断，所以你必须到这里度假来找出答案。如果你有所置疑，我建议你预订它，并在入住的时候体验酒店所有的精彩。我自己还没有住过那里的任何一个房间。

　　这是酒店的一点历史：古巴国家酒店经过 14 个月的建设，于 1930 年 12 月 30 日晚上开始营业。在 30 年代和接下来的十年里，到访过的名人数不胜数：约翰尼·韦斯默勒（Johnny Weissmuller）（泰山扮演者）曾从二楼的阳台上跳进游泳池；演员塞萨尔·罗梅罗（César Romero）——何塞·马蒂（José Marti）的外孙，以及其他演员乔治·拉夫特（George Raft）、弗兰克·辛纳特拉（Frank Sinatra）、艾娃·加德纳（Ava Gardner）、马龙·白兰度（Marlon Brando）、约翰·韦恩（John Wayne）、泰隆·鲍华（Tyrone Power）、丽塔·海华丝（Rita Hayworth）、巴斯特·基顿（Buster Keaton）、弗雷德·阿斯泰尔（Fred Astaire）和加里·库珀（Gary Cooper），这里仅举几例，此外还有数不清的来自娱乐界和王室的名流。

　　1946 年，温斯顿·丘吉尔爵士曾在这里住过。在《教父 2》（*Godfather II*）中有这样一个场景：所有的黑帮头目聚在哈瓦那的一家酒店里开会。虽然从电影显示的时间线看不出它发生的时间，但是菲德尔·卡斯特罗成功进入这座城市意味着当时是 1959 年，实际上这件事真实发生

过，是在 1946 年 12 月。酒店对公众关闭了它的大门，同时迎来了"福星"卢西安诺（Lucky Luciano）、梅耶·兰斯基（Meyer Lansky）、小桑托·特拉坎特（Santo Trafficante Jr.）、弗兰克·科斯特洛（Frank Costello）、艾伯特·阿纳斯塔西亚（Albert Anastasia）和维托·吉诺维斯（Vito Genovese）以及其他许多人。到 1955 年，兰斯基（Lansky）拥有了这家酒店的一部分；1957 年，其中的赌场收入已经和拉斯维加斯的任何一家赌场不相上下。尽管基于种族主义的立场，一开始酒店不允许纳京高（Nat King Cole）入住，但当他在这里举办了令人难忘的音乐会之后，他就可以入住了。1956 年，伊尔萨·基特（Eartha Kitt）在这里开创了卡巴莱巴黎秀。

1959 年 1 月 1 日革命战争胜利后，经营该酒店的美国公司代表离开，酒店员工接过了管理权。1960 到 1961 年之间，古巴革命政府重组了酒店的管理部门。1960 年 10 月赌场关闭。由于这段时间没有游客，酒店被用来接待来访的外交官和外国政府要员。随着苏联的解体，古巴在 20 世纪 90 年代被迫再次开放旅游业；经过一些修复，这家酒店在 1992 年向世界敞开了大门。1998 年，酒店被国家文物委员会列为国家文物。

——M.S.

古巴国家酒店

古巴，哈瓦那，维达多区，21 街和 O 街之间

总机：（53-7）836 3564&67

邮箱：reserva@hotelnacionaldecuba.com

预订电话：（53-7）838 0294 / 836 3564 转 598

烟 草

用于制作古巴雪茄的烟草类型

　　雪茄由三类烟叶组成，它们的变化决定了雪茄的抽吸和风味特征：茄衣（capa）、茄套（capote）和茄芯（fortaleza）。

茄 衣

　　古巴雪茄的最外层烟叶叫作茄衣。它是最贵的烟叶，也是最难生产的。

　　大多数茄衣烟叶生长在纱网做的大棚下。要获得一致性强、叶脉较细、平滑、柔韧的烟叶，最好的途径是间接日照，它还能产生清晰的线条，这是人们希望从一支世界一流雪茄上看到的。对吸烟者来说，茄衣的口感通常更醇和。茄衣烟叶往往与茄套、茄芯烟叶分开发酵。
一般来说，深色的
茄衣会带来淡淡的
甜味，浅色的茄衣
则尝起来有点干。

正是茄衣赋予
了雪茄特色和风
味。这些烟叶的颜
色通常被用于指称
整支雪茄。

坎 德 拉
（Candela）[双
克 拉 罗（Double
Claro）]：非常浅，
略带绿色。这种烟
叶是在完全成熟之
前采摘的，其中留
存的一些叶绿素使
其具有独特的自然
绿。它们要快速干燥，以便保留这种颜色。

克拉罗（Claro）：浅棕色或者淡黄色。

科罗拉多克拉罗（Colorado Claro）：中褐色。

科罗拉多（Colorado）[罗萨多（Rosado）]：红褐色。

科罗拉多马杜罗（Colorado Maduro）：深褐色。

马杜罗（Maduro）：黑褐色。

奥斯库罗（Oscuro）[双马杜罗（Double Maduro）]：近黑色。

茄　套

茄衣之下是薄薄一层衬垫烟叶，在英语中叫作"binder"（茄套）。它们紧贴在茄衣下面。茄套是用烟株最上方的、受光照最多的烟叶制作的。它们柔韧耐用，适合卷制。茄衣烟叶必须遮阴生长，没有瑕疵，光滑；茄套烟叶则容许存在变色或者斑点。多数情况下，茄套烟叶比茄衣烟叶更厚而且更重。

茄　芯

茄芯是雪茄中间集聚在一起的烟叶，它可以分为"长茄芯"和"短茄芯"。茄芯分为三个级别：淡叶（柔和）、干叶（适中）和浅叶（最强或最浓郁）。

一些爱好者偏爱长茄芯、手工卷制的雪茄，而一些专家声称短茄芯给制造者带来了塑造雪茄风味的可能性。

通过采用来自烟株不同部位的烟叶，生产商可以控制或者影响雪

✭ 太紧或太松 ✭

在雪茄的制作过程中，茄芯（采用烟株不同部分的烟叶混合制成）的松紧度对最后的抽吸有着显著影响。需要创造一些空气通道，好让空气纵向通过整支雪茄。如果茄芯裹制太紧，对于吸烟者来说，就很难将空气吸进来，因此几乎无法抽吸。雪茄中如果有太多的空气（裹制太松），则会燃烧过快，无法带来愉快的抽吸体验。

茄的风味。例如，淡叶来自植株底部，口感柔和，更易燃烧。干叶来自植株中部，可以带来更为适中的风味。浅叶来自阳光充足的植株顶部。它在茄芯中燃烧最慢，通常包裹在茄芯的中间。它也带来了最强烈的风味。

★ 长茄芯和短茄芯 ★

如果茄芯是用整张的烟叶做的，那么它就被称为"长茄芯"。长茄芯纵贯雪茄，具有一致性，燃烧相对缓慢，有助于风味的形成。用较小的或切碎的烟叶制作的雪茄，包括许多机制雪茄，都称为"短茄芯"做的雪茄。相较于长茄芯雪茄，短茄芯雪茄燃烧得温度更高、更迅速，一些批评者认为它们缺乏长茄芯雪茄所拥有的复杂性。

✯ 拜访赫克托尔·路易斯·普列托 ✯
（Hector Luis Prieto）
（在古巴比那尔·德·里奥省，他的烟草种植园）

　　几年前的 2009 年，我曾遇到过赫克托尔，就在他自己的农场，当时他已经获得了古巴最高雪茄荣誉之一"哈瓦那人物"奖（Hombre Habano award）。他是 2008 年赢得这一奖项的，是有史以来最年轻的获奖者。将近五年过去了，他的庄园发生了一些非常明显的变化。他曾经的梦想现在变成了现实。他建造了一座可爱的棚屋，可以容纳很多人，里面还有一个存货充足的吧台（还有电源可以给我的笔记本电脑充电）。他已经准备好接待沿着古巴比那尔·德·里奥地区的烟草之路（Tobacco Route）游览的大批游客。他终于建好了自己的房子，还有一个不错的雪茄贮藏室／办公室，他在那里存放他得的奖和他个人收藏的雪茄——他是个狂热的烟迷。我发现赫克托尔比上次见面时更悠闲，他似乎已经很好地适应了新获得的声望。我还发现烟草在不该生长的时候生长。上年的生长季——通常在 11 月到次年 2 月——情况很糟糕。由于雨水太多，大部分人都损失了很多烟草作物。然而，这个春天已经证明今年是种植烟草的理想年景，为什么不利用这么棒的条件来弥补损失呢？我敢保证烟叶质量不会有什么不同，这个种植园的烟草品质属于古巴最优之列。

　　曾经生气勃勃的卷制工米克尔（Miquel）仍在这里，仍在卷制这座岛这一侧的顶级雪茄。他为赫克托尔工作之前我就见过他，当时他为另一个农场主卷制雪茄。你不能来参观这些地方，而不尝尝他们的招牌菜……我吃了两道。一切看起来都很好，因为我发现每个人都很放松，心情都很好。

——M.S.

古巴的烟草种植区

古巴是世界顶级烟草种植区之一。但是，这并不意味着生长在古巴的烟草就能做成古巴雪茄。只有最好的烟叶才能用来做世界上最好的雪茄。

就像世界上的酒类有风土一样，烟草迷们也相信风土（terroir）——颜色、纹理及风味的独特性质与烟草生长的土地密切相关。每个产区都严格限定在经过认证的特定区域和地块之内，并被授予"原产地命名保护"（Protected Denomination of Origin, D.O.P.）的特殊地位。即使是在这些地区，也只有特定的少数种植园生产被社会认可的烟草。

一些种植园被授予"一等好田"（Vegas Finas de Primera）的荣誉，因为卓越的土壤质量和小气候，它们的评级比其他地块都要高。而且，这里的种植者的技术也是无人能及的。

比那尔·德·里奥

比那尔·德·里奥，古巴的西部省份，是古巴一些最重要的烟草种植区所在地，因为奇特的石灰岩山地景观（mogotes）而知名。它也拥有 D.O.P. 地位，包括几个烟草产区——布埃尔塔·阿瓦霍（Vuelta Abajo）、塞米·布埃尔塔（Semi Vuelta），下辖圣胡安与马丁内斯（San

Juan y Martínez）、圣路易斯（San Luis）等地。

布埃尔塔·阿瓦霍

　　评论家和鉴赏家都同意，布埃尔塔·阿瓦霍是世界上最好的雪茄烟草种植地。作为独特的肥沃红壤的产物，在这一地区生长的烟草毫无疑问是最好的，不论是用作茄芯还是茄衣。古巴最好的雪茄所用的烟叶主要来自这里，这也是唯一一个种植有全部类型烟叶的区域：茄衣、茄芯和茄套。许多评论家认为，这里所产烟叶的质量的秘密在于，与其他地区生产的同等级烟叶相比，其烟叶含有很高浓度的硝酸盐，而这使它形成了丰富的风味和罕见的结构。这一地区非同寻常的气候造就了如此独具特色、深受喜爱的雪茄。

圣路易斯

　　圣路易斯是比那尔·德·里奥省的一个小镇，位于古巴烟草文化的中心。这个小镇以其栽培的茄衣烟叶而闻名。作为布埃尔塔·阿瓦霍的一个辖区，它受到 D.O.P. 制度的保护，有着举世闻名的农场如埃尔·科罗霍·维加（El Corojo Vega）和库奇拉·德·巴巴科亚（Cuchillas de Barbacoa）等。供应给高希霸品牌的烟叶就种植在这一地区——因

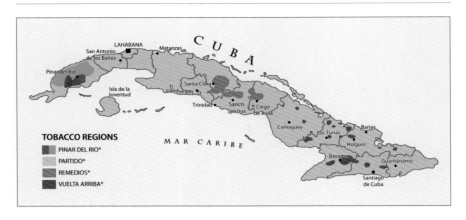

拥有最好的肥沃之地（vegas）而著称的两个地区之一。

圣胡安与马丁内斯

圣胡安与马丁内斯是布埃尔塔·阿瓦霍地区另一个虽小但著名的市镇，同样受到 D.O.P. 制度的保护。这个小镇因其种植的茄芯和茄套烟叶而声名远扬，是著名的好友蒙特雷（Hoyo de Monterrey）种植园所在地。与圣路易斯相同，圣胡安与马丁内斯最优质的肥沃之地也为高希霸雪茄种植、提供烟叶。

塞米·布埃尔塔

塞米·布埃尔塔主要以其种植的茄套烟叶和较厚的茄芯烟叶而闻名。它位于布埃尔塔·阿瓦霍的东边，但还在比那尔·德·里奥境内，具有适合育种的坚实土壤。这些种子最终会回到布埃尔塔·阿瓦霍地区。塞米·布埃尔塔种植的大部分烟草用于制造国产香烟，因为它们的质量还不足以用来制作雪茄。

帕尔蒂多（Partido）

帕尔蒂多位于哈瓦那城的西南方，是一个历史悠久的烟草种植区，烟草种植起始于 17 世纪。帕尔蒂多主要以其种植的茄衣烟叶而闻名，也受到 D.O.P. 制度的保护。

布埃尔塔·阿里巴（Vuelta Arriba）

布埃尔塔·阿里巴是两个大的种植区的合称，包括位于古巴中部的雷梅迪奥斯（Remedios）烟草种植区和东部的奥连特（Oriente）烟草种植区。该地区为一些古巴顶级雪茄供应茄芯和茄套。

雷梅迪奥斯

雷梅迪奥斯由西班牙人于1578年建立，以身为古巴历史最悠久的烟草种植区而知名。它位于古巴中部，受到D.O.P.制度的保护，也有许多甘蔗种植园。雷梅迪奥斯特别丰饶，土壤和气候富有特色。革命战争以前，创始于1880年的比雅达（José L. Piedra）雪茄在这一地区生产。

奥连特

奥连特位于古巴的最东端。1492年，哥伦布在该政区的巴里亚（Bariay）登陆，并发现了古巴烟草。与这一地区的其他烟草种植区一样，它也受到D.O.P.制度的保护。

烟草陈化

就像葡萄酒一样，烟草也得益于陈化。烟草在用于生产之前可能需要储存，雪茄在卷制完成之后可能需要陈化。储存和陈化都能带来好处，但也都有其支持者和批评者。

烟叶陈化

烟草采摘后，通常要悬挂起来风干大约 30 天。这被称为调制（curing）。完全成熟时摘下的烟叶是绿色的，在 30 天的调制过程中，烟叶会从绿色变为黄色，再变为红褐色，最后变为棕色。

茄衣烟叶通常在大的仓库或棚屋里调制。这些建筑是完全封闭的，

其中的烟叶不受外界湿度和天气变化的影响；在整个过程中，根据季节，还经常用木炭、煤气、木材或丙烷进行加热来帮助调制。茄套和茄芯烟叶通常储存在开放的棚屋里，保持最大的通风量。棚屋里可能遍布木条，或者只有敞开的很大的门，让空气最大程度流通，使烟叶变得干燥。

茄套和茄芯烟叶捆扎成叫作"帕卡"（paca）的大包后陈化。这些帕卡可能重达4000—5000磅，或者2—2.5吨。它们用黄麻包裹，做成大捆干草或立方体的样子。水分和植物物质的分解会产生热量。这些帕卡处于监控之下，每周都要打开，翻转，

并重新堆起。内部的烟叶要进行调换，确保整包烟叶陈化均衡。

　　根据烟草种类的不同，淡叶（柔和）、干叶（适中）和浅叶（最强或最明显）可能储存长达 6 个月。

　　茄衣烟叶在"特里科"（terico）里陈化。这些茄衣烟叶打成的捆或包，是用大片的棕皮（yagua）包装的。棕皮是古巴国树王棕（Royal Palm）脱落的树皮。

关于雪茄的一切

种类和型号

规　格

规格（Vitola）指一支雪茄的型号和形状。在西班牙语中，它是表示雪茄环径的术语。下面是行业内不同雪茄的型号列表。雪茄型号可以分为两大群组：圆柱形（Parejo）和异形（Figurado）。

圆柱形

圆柱形是最普通的雪茄形状，所指的雪茄是平直的。这类雪茄绝大多数都有一个冠状的末端。这些雪茄具有圆柱形的主体，侧边笔直，一端开口，另一端是一个圆形的烟叶做的茄帽。在抽吸之前，消费者要么把这个圆头刺穿，要么将它切下。

这里是一个圆柱形雪茄的类型列表：

规格	长度	环径
特大皇冠（Gran Corona）	9¼	47
卓越（Prominentes）	7⅝	49
拉吉托特级（带辫） [Laguito Especial（pigtail）]	7½	40
拉吉托 1 号（带辫） [Laguito No.1（pigtail）]	7½	38
娇嫩（Delicados）	7½	38
顶级娇嫩（Delicados Extra）	7½	36
帕科（Paco）	7⅛	49
朱丽叶 2 号（Julieta No.2）	7	47
女神（Ninfas）	7	33
长宾丽（Panetelas Largas）	6⅞	28
达利亚（Dalias）	6¾	43
棕榈（Palmas）	6¾	33
美丽 1 号（Hermosos No.1）	6⅝	48
塞万提斯（Cervantes）	6½	42
圆柱（Parejos）	6½	38
猎人（Cazadores）	6⅜	43
宜人（Deliciosos）	6¼	33
双倍（带辫） [Dobles（pigtail）]	6⅛	50
大皇冠（Coronas Grandes）	6⅛	42
猎人 JLP（Cazadores JLP）	6	43
拉吉托 2 号（Laguito No.2）	6	38
棕榈油（Palmitas）	6	32
炮击（Canonazo）	5¾	52
精致（Exquisitos）	5¾	46
罐头（Conservas）	5¾	43
水晶（Cristales）	5¾	41
胖皇冠（Corona Gordas）	5⅝	46

规格	长度	环径
弗朗西斯科 (Franciscos)	5⅝	44
皇冠（Coronas）	5⅝	42
夏洛特（Carlotas）	5⅝	35
天才（Genios）	5½	52
罐头 JLP（Conservas JLP）	5½	44
国民（Nacionales）	5½	41
奶油（Cremas）	5½	40
埃德蒙多（Edmundo）	5⅜	52
短达利亚（Dalias Cortas）	5⅜	43
哥萨克（Cosacos）	5⅜	42
奶油 JLP（Cremas JLP）	5⅜	40
殖民地（带辫）[Coloniales（pigtail）]	5¼	44
国民 JLP（134 mm）[Nacionales JLP（134 mm）]	5¼	42
比华士 JLP（133mm）[Brevas JLP（133mm）]	5¼	42
杰出（132mm）[Eminentes（132mm）]	5¼	42
胖子（Gordito）	⅕	50
马瑞瓦（Marevas）	5⅛	42
小皇冠（Petit Coronas）	5⅛	42
午餐（139mm）[Almuerzos（139mm）]	5⅛	40
小权杖（138mm）[Petit Cetros（138mm）]	5⅛	40
美丽 4 号（Hermosos No.4）	5	48
伦敦（Londres）	5	40
望楼（Belvedere）	5	39
小权杖 JLP（Petit Cetros JLP）	5	38
威古莱多斯（Vegueritos）	5	36
贝壳（Conchitas）	5	35
快乐（Placeras）	5	34
塞奥内（Seoane）	5	33
标准（Standard）	4⅞	40
小埃德蒙多（Petit Edmundo）	4¾	52
卡罗莱纳（Carolinas）	4¾	29

规格	长度	环径
罗布图（117mm） [Robustos（117mm）]	4⅝	50
花冠（116mm） [Coronitas（116mm）]	4⅝	40
方济各会（Franciscanos）	4⅝	40
运动（Sports）	4⅝	35
魔术师（Magicos）	4½	52
军校生（Cadetes）	4½	36
拉吉托 3 号（Laguito No.3）	4½	26
分钟（Minutos）	4⅜	42
雷耶斯（带辫）[Reyes（pigtail）]	4⅜	40
秘密（Secretos）	4⅜	40
弩炮（Trabucos）	4⅜	38
美食家（Epicures）	4⅜	35
小猎人（Petit Cazadores）	4⅛	43
小罗布图（Petit Robustos）	4	50
珍珠（Perlas）	4	40
幕间（Entreactos）	4	30

生产商和卷制工不同，上述数值和尺寸可能略有变化。

异形

　　圆柱形是更传统、更常见的雪茄形状，而异形雪茄中有许多颇受欢迎的雪茄。这些雪茄形状不规则。其中一些被认为质量较高，但不过是因为它们制作起来困难，对卷制技术有着更高的要求罢了。

　　就受欢迎程度而言，异形雪茄在 19 世纪占主导地位。到 20 世纪 30 年代，更传统的皇冠形状雪茄在市场上实现赶超；但在最近的几十年，这些形状和类型的雪茄又卷土重来。

异形雪茄包括以下这些：

规格	长度	环径	类型
王冠（Diadema）	8⅞	55	diadema
所罗门（Salomon）	7¼	57	diadema
鲁道夫（Rodolfo）	7⅛	54	pyramid
罗密欧（Romeo）	6⅜	52	perfecto
塔科斯（Tacos）	6¼	47	diadema
金字塔（Piramides）	6⅛	52	pyramid
蛇（Culebras）	5¾	39	culebra
钟（Campanas）	5½	52	torpedo
慷慨（Generosos）	4¼	42	diadema
钟爱（Favoritos）	4¾	42	diadema
小芳香（Petit Bouquet）	4	43	perfecto

小雪茄烟（Cigarillo）

小雪茄烟是一种"中间物"。小雪茄烟是机器制造的雪茄，它们往往比传统雪茄要细、要短，不过比起小雪茄来仍然较大。小雪茄烟抽吸时通常不用过滤，但也可能带有塑料或木制过滤嘴。不要误解，它们并不意味着小雪茄烟的烟气可以吸入肺里。

小雪茄（Little Cigars）

小雪茄也叫迷你雪茄，在很多方面都不同于普通雪茄。它们比雪茄和小雪茄烟要轻，在过滤嘴、包装、形状和型号上与香烟特别相似。

这种雪茄的整体感觉和抽吸状况与香烟类似，但是是用经过发酵和陈化的烟叶制成。带过滤嘴的雪茄据说近似传统雪茄，其烟气也不应该吸入肺里。

★ 古巴雪茄卷制师掠影 ★

胡安妮塔（Juanita），梅里亚·高希霸（Melia Cohiba）酒店的卷制师

如果不去拜访可爱的胡安妮塔，去哈瓦那的旅行就是不完整的。她在梅里亚·高希霸酒店卷制一些令人惊叹的雪茄。

和往常一样，我发现她精神很好，而且多亏了这股力量，她的身体也很好。我喜欢站在她的工作台边看她卷制雪茄，同时谈论着雪茄界和古巴发生的事。我们可以谈上几个小时，但我尽量控制时长，因为事先已经定好还有别的事要做。

在这次旅行中，我注意到有比以往更多的美国人走近她的工作台。我将这篇文章当作一次信息更新，让她所有的粉丝都知道，在写作的时候她还不错，仍然在卷制一些哈瓦那最好的雪茄。

这位女士赢得了许多来自世界各地的雪茄迷的心，我认识其中的一些人。她绝对是一个令人愉快的人，散发着乐观的光芒，让人很难离开她的身边。很长一段时间，我自己无缘认识她。几年前我见过她，但直到这次会面我才真正了解她。我曾听朋友们极力夸赞她做的雪茄是多么令人惊叹。在抽过几支之后，我觉得它们确实应该被归入更高的等次里，但在那之后一切要看个人口味。这是什么意思？她卷制的雪茄真的很棒。

胡安妮塔于 1956 年 1 月 27 日出生在哈瓦那。她本来会成为一名教师，但就在毕业前一年，她的父亲让她退学去做卷制工。那时正大力推动女性参与卷制工作，而在革命战争之前只有男性卷制雪茄。1973 年她从卷制工学校毕业，开始在埃尔·拉吉托（生产高希霸雪茄的工厂）工作；埃尔·拉吉托项目是菲德尔·卡斯特罗的得力助手西莉亚·桑切斯启动的。后来，胡安妮塔甚至在埃尔·拉吉托为年轻的卷制工教学。

我发现这非常有趣，特别是在最近我读了一本关于西莉亚·桑切斯的书，对她参与的一些项目包括埃尔·拉吉托略知一二之后。

胡安妮塔现在单身，有两个孩子，都是男的，一个 30 岁，一个 39 岁。她的母亲还活着，但是父亲最近去世了，他在 101 岁时被车撞了。我见

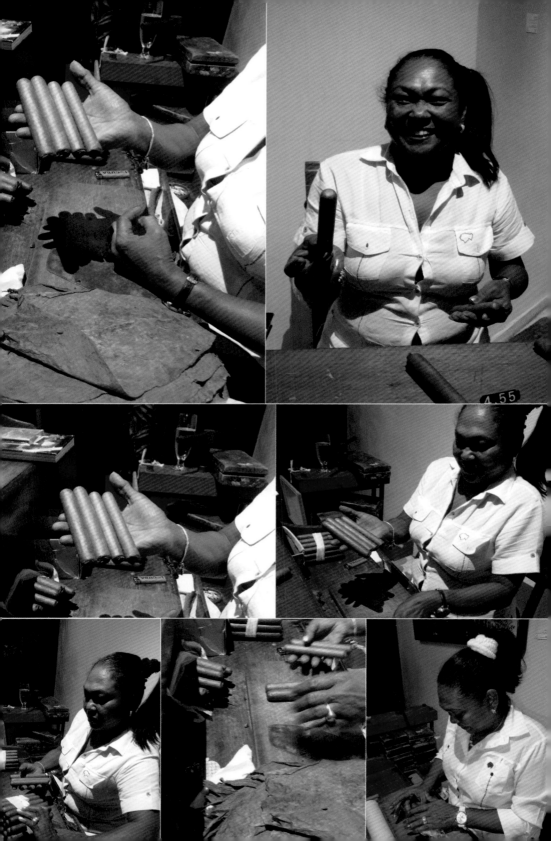

她总是心情很好的样子，我所见过的和她有过互动的人似乎也都发自内心地享受她的存在。我现在已经加入了这一行列。

问：你每天卷制多少支雪茄？
答：每天 30 到 35 支，有时多一些。

问：你出国旅行过吗？
答：因为工作原因，我去过瑞士、德国、奥地利、意大利；我曾在俄罗斯住过五年，当时我丈夫在军队服役。

问：有哪个规格是你最喜欢卷制的吗？
答：我专门卷制罗布图和长矛（Lancero）。我是在埃尔·拉吉托学的卷制长矛。

问：买你的雪茄的人来自哪个国家的更多？
答：德国人、中国人、意大利人、加拿大人和阿拉伯人买得更多。

问：你是个体育迷吗？
答：我喜欢体操，不过最近我开始看棒球比赛。

问：据你所知，在抽过你的雪茄的人里，最著名的是谁？
答：卡塔尔的王子、塞萨尔·洛佩兹（Cesar Lopez）（著名的爵士乐音乐家）和菲德尔·卡斯特罗……他的雪茄总是熄灭，因为他说个不停。（他随后向她保证，雪茄很完美，她做得很棒。）

问：说出三个你乐意与其一起抽雪茄的人，在世不在世的都可以。
答：我在美国的那个儿子、亚历杭德罗·罗瓦伊纳（Alejandro Robaina）和菲德尔·卡斯特罗。

问：你怎么获得烟草，谁决定混制配方？
答：总部给我提供烟草，我自己决定如何搭配。

如果你来到附近，顺便过来向胡安妮塔打个招呼吧，然后拿起一支她卷制的雪茄尝试一下。你肯定会觉得，在你抽过的雪茄中，它是比较不错的一支。

亚历杭德罗·冈萨雷斯·阿里亚斯（Alejandro Gonzalez Arias），哈瓦那科莫多罗（Comodoro Havana）酒店的卷制师

在哈瓦那米拉玛区（Miramar district）科莫多罗酒店的雪茄店里，卷制师工作台下的椅子已经空了几个月了。上一任卷制师是克里斯托斯（Crisantos），知道他的人都焦急地等待着，看谁会坐到那个位子上。你们可能不了解，克里斯托斯被称为这座城里最好的卷制师之一。因为退休，他让出了这个位子。拿我来说，在没有卷制师的这段时间，我去过这家店好几次。我认识那里的每一个人（服务卓越），而且它离我在哈瓦那的住处很近，所以即使没有卷制师也不能阻止我顺道上门。我喜欢一边抽雪茄，一边跟店长安德烈（Andre）交谈，他是我多年的朋友。在我一月份去旅行的时候，替代者终于到位了。我很高兴能在他开始工作的那周看到他，但是我们没有时间长谈。不过，这次旅行时我准备跟他坐下来好好谈谈，并且问他一些问题。

对于这个位子来说，亚历克斯（Alex）太年轻了，他是我认识的在雪茄店工作的最年轻的卷制师。大部分古巴雪茄店的卷制师，无论男女，都在退休年龄左右，或者接近退休年龄。但这并不是说他不能卷制雪茄。事实上，他干得很出色。我还没有尝遍他卷制的所有规格，但我可以告诉你，他的签名雪茄贝伊可（Behike）52 棒极了。留意这家伙吧，他才28 岁，我不能想象二三十年后他会是什么样子。他生于 1986 年 7 月，单身，没有孩子；他没有去过国外，现在住的地方离酒店只有几步之遥。

1. 你从事这个行业多长时间了？家人中也有做相关工作的吗？

我做卷制工六七年了，没有家人从事这个行业。

2. 你是怎么知道你想做这个工作的？中间经历了什么？

我曾经在海明威码头（Marina Hemingway）的市场工作，那里有一个卷制师。每天我都会观察这名卷制师，过了一段时间我们成了朋友。

她看出我感兴趣，有一天问我是否想学习如何卷制雪茄。她教给了我基础知识，但我是通过在埃尔·拉吉托工厂学习课程成为一名卷制师的。

3. 你最喜欢卷制的规格是什么？

贝伊可52。

4. 你一天抽多少支雪茄？抽雪茄时你喜欢喝什么？

我一天抽一支，我要检验一下我卷制的雪茄，而这是我做质量检查的方式。如果时间允许，我在抽我的雪茄时喜欢喝一杯威士忌。

5. 知道自己要接任克里斯托斯的职位时，你感到紧张吗？

不，我明白自己的处境和这个雪茄店卷制师的工作台所拥有的声望。顾客们看到我在那里会感到惊讶，但我会一点一点地获得他们的支持。这会是一个漫长的过程，但是我会尽己所能，我希望自己能得到认可。

6. 你一天卷制多少支雪茄？谁来挑选烟叶？

我卷制的雪茄数量根据每天的需求而定。现在每天大约10到20支。

烟叶由哈伯纳斯公司提供，但在接收之前，我有权对其进行检查，如果没有达到我的标准，我会将它们退回。

7. 你最喜欢的运动是什么？

壁球。（这个回答真让我惊讶……他们这里有壁球场吗？）

8. 真的？我是说，最喜欢看的运动？

足球（football）。（就是北美人所说的 soccer。）

9. 你觉得棒球怎么样？你有最喜欢的棒球队吗？

古巴人不怎么喜欢棒球。哈瓦那工业队（Industriales）是我最喜欢的棒球队。说到足球，所有的球队我都喜欢，因为这是一项精彩的运动，但是如果必须选择一个的话，我会选巴塞罗那队。

亚历克斯是一个风度翩翩的年轻人，看起来并不自负。当他外出时，我碰到两个到店里参观的加拿大人，并问他们觉得亚历克斯卷制的雪茄怎么样？他们回答说，他们喜爱克

里斯托斯卷制的雪茄，但是亚历克斯的更好。我把这件事告诉亚历克斯，问他对于他们所说的有什么想法，他不好意思地回答道："不，并不是它们更好，只是不同。每名卷制师都有自己的混制配方（liga），而且每个吸烟者都有自己的偏好。并不是我的雪茄更好，它们可能仅仅是对一些人更有吸引力。"我可以告诉你，他的签名雪茄贝伊可 52 好极了，值得到商店里去尝试（并且购买）。至于他卷制的其他规格，我每种都买了一支，并会在短期内进行试吸。在那儿时我想找一些细长的雪茄，例如长矛，但是他没有。他让我从一本书中选择一种我想要的规格，不到一个小时，我就拥有了那支雪茄……我爱它。留意这家伙，去拜访他吧。

亚历杭德罗（亚历克斯）·冈萨雷斯·阿里亚斯

科莫多罗酒店

第 3 和 84 街之间

哈瓦那，普拉亚，米拉玛

电话：204-5551 转 1272

——M.S.

哈伯纳斯公司的特级雪茄

简单来说，"哈伯纳斯"（Habanos）一词表示源自哈瓦那的某些事物。所以，这是一件正合适的事：1994 年，国有性质的古巴国家烟草公司——古巴烟草公司 [Cubatabaco（Empresa Cubana del Tabaco 的某种缩写）] 创立了哈伯纳斯股份有限公司 [Habanos S.A.（Sociedad Anomina）]，作为政府部门监管古巴烟草在全世界的生产和销售。此外，哈伯纳斯公司拥有全部古巴雪茄品牌、古巴香烟在世界范围的售卖和分销权。哈伯纳斯公司认证过下列特制雪茄，它们还通过 D.O.P. 制度得到了监管委员会的批准。

珍藏（Reserva）

"珍藏"指的是这样一类哈伯纳斯雪茄：所用的全部烟叶——茄芯、茄套和茄衣烟叶，在被送到工厂卷制之前，要捆束陈化至少 3 年。

哈伯纳斯珍藏雪茄采用来自布埃尔塔·阿瓦霍地区的特级烟叶制作。

2003 年，这一独特类型的第一款产品珍藏高希霸精选（Cohiba Selection Reserva）上市，所用的是 1999 年收获的烟草。同样，珍藏帕塔加斯 D 系列 4 号（Partagás Serie D No.4 Reserva）用的是 2000 年收获的烟草，珍藏蒙特克里斯托 4 号（Montecristo No.4 Reserva）用的是 2002 年收获的烟草。

按照惯例，每款哈伯纳斯珍藏雪茄都是限量生产的。它们被包装在 5000 个专用雪茄盒里，每盒 20 支。每个盒子都很精美，并且有哈伯纳斯公司的单独编号。除了正常茄标，每支雪茄还拥有一个黑色和银色相间的茄标，标志着这是珍藏雪茄。

特级珍藏（Gran Reserva）

"特级珍藏"仅指这样的哈伯纳斯雪茄：所用的烟叶（茄芯、茄套和茄衣烟叶）在送到工厂卷制之前，至少已经陈化了 5 年。

这些被挑选出来的来自布埃尔塔·阿瓦霍地区的顶级烟叶，经过这个特殊的陈化过程，会呈现出哈伯纳斯雪茄预期的风味和芬芳。

这种特殊哈伯纳斯雪茄的第一款产品于 2009 年推出，用的是 2003 年收获的烟草。它们采用高希霸 Ⅵ 世纪（Cohiba Siglo Ⅵ）的规格，每盒 15 支，仅生产 5000 盒，盒子精美；每支雪茄都有编号，并用黑色和金色相间的特级珍藏茄标标识。

此后，第二种特级珍藏型号——蒙特克里斯托 2 号——于 2011 年上市，用的是 2005 年收获的烟草。

限量版（Edición Limitada）

第一款限量版雪茄第一次上市是在 2000 年。限量版雪茄的茄衣被称为奥斯库罗，来自阴植烟叶植株的较高位置。这种烟叶往往比通常的哈伯纳斯茄衣更厚、颜色更深。

因为这些烟叶较厚，它们需要更多的时间来发酵和陈化，卷制之前要捆束放置两年左右。

在 2000 年第一次推出的时候，限量版雪茄中只有奥斯库罗茄衣是用经过特别陈化的烟叶制作的。但是 2007 年之后，这种雪茄的茄芯和茄套烟叶也至少陈化两年时间。

雪茄盒上有一个额外的黑色和金色相间的封签，表示盒子里装的是限量版雪茄，并注明了上市时间。

高希霸马杜罗 5（Cohiba Maduro 5）

高希霸马杜罗 5 与本节其他雪茄有两点明显不同：第一，高希霸马杜罗 5 是一个标准款，而不是哈伯纳斯特色雪茄；第二，其中只有一种烟叶经过特别陈化，那就是深色的马杜罗茄衣。这种雪茄是特殊组合的一个典型。

2007 年推出了高希霸领雅马杜罗 5（Cohiba's Linea Maduro 5），共 3 种型号 [天才（Genios），长 5½ 英寸，环径 52；魔法师（Mágicos），长 4½ 英寸，环径 52；秘密（Secretos），长 4⅓ 英寸，环径 40]，用的都是这种深色的马杜罗茄衣，以保持统一。高希霸领雅马杜罗 5 所用的茄衣烟叶来自阴植烟叶植株的最顶层，这些烟叶必须颜色够深、陈化够久，当得起"马杜罗"这个名称。

马杜罗烟叶是自然干燥至最佳阶段和颜色的，需要额外的发酵和陈化。在这种情况下，用于制作雪茄之前，它们需要在包里熟化大约 5 年，因此这种雪茄的名字里有一个"5"。

在哈伯纳斯雪茄界，对于茄衣对口感的影响有不同的观点，但是很少有人会质疑古巴马杜罗茄衣会给风味带来特定的甜味和浓郁的芳香。

★ 古巴的交通 ★

当我说"古巴的交通"时，我敢肯定你的脑海中会涌现出 50 年代传统式美国汽车的形象。尽管美国和古巴政府之间的关系发生了变化，但那种交通工具仍然是最显眼的，或者说是让游客印象最深刻的。然而，这篇文章并非要讲那种交通工具，而是要讲别的东西。

苏联解体对古巴经济产生了巨大的影响，尤其是其石油购买能力，他们在退出经济互助委员会前可以从苏联那里得到廉价石油。廉价石油的供应在 1990 年结束，菲德尔·卡斯特罗所谓的"特殊时期"开始了。必须做出牺牲，必须找到（或使用）可以代替的交通工具。1995 年，古巴的能源消耗是 1991 年的一半。自行车被大众欣然接受，成为这一时期的交通工具之一。实际上，1990 年以前根本没有自行车文化。骑自行车曾被认为是一种消遣，现在成了一种必需。人们为了离得近一点、可以骑车上下班而交换工作。从中国进口了超过 100 万辆自行车，以很低的价钱卖给古巴人民。古巴国内的自行车产业蓬勃发展，每年生产 15 万辆自行车。据估计，今天古巴有 200 万辆自行车，其中 50 万辆在哈瓦那。

另一种交通工具是脚踏出租车（BiciTaxi），它由自行车衍生而来，但不是在古巴发明的。大体而言，它是一种人力车。政府的需要催生了个体经营，政府随之在 20 世纪 90 年代初开始发放执照（晚于其他拥有类似交通工具的国家）。这种装饰花哨的三轮脚踏出租车—有的带有巨大的音响系统——经常受到不公正的法律的非难和打击。政府甚至大力推行椰壳出租车（CocoTaxi），试图把它们淘汰掉，但它们存留下来并成为风景的一部分，不仅在这里，而且分散在全古巴的市镇和城市。当你开着车在一条窄路上行驶，前边却有一辆脚踏出租车时，你会发现后面很痛苦，但这只是在古巴的经历的一部分。它们曾经只被允许载运古巴人，我不确定这条法规是否改变了，但我坐过好几次，其中一次是在倾盆大雨中。下雨的时候，他们会拿出一块防水帆布盖住乘客，我乘坐的那次帆布非常合适。乘坐之前要谈妥价钱。他们接受古巴比索（Cuban

National Peso），不过当然也会接受可兑换比索（CUC）。在我看来，椰壳出租车是可怕的旅游陷阱，你只能在哈瓦那的旅游区找到它们。它们最初用古巴比索定价，现在则只收可兑换比索，并且价格很高。没有价目表，而且与其他交通工具相比票价过高。它们被称为椰壳出租车，因为外形与椰子类似。大体上它们是意大利三轮轻便摩托车，上面是椰子形状的玻璃纤维主体，没有安全带。

然而，交通的转变并不限于自行车。离哈瓦那越远，你在路上看到的动物就越多。当然，这些动物大多是马，但不限于一个人骑在一匹马上的形式。在哈瓦那之外，你会发现马拉的不仅仅是通常的四轮马车。古巴似乎把出租车司机提升到了一个全新的水平。一切都变成了客车……即使是自卸货车。

不用说，古巴在缺乏燃料的困难时期应对得特别好。这很明显：在这座岛的公路和小道上，有各种形式和经过改造的大众交通工具。在乡村，似乎是负重的牲口和马统治着道路；在有些地方，只有它们能把你送到目的地。这无疑给这个国家增添了色彩，并产生了一些精彩的摄影作品。

——M.S

选择你的第一个雪茄盒

你还是雪茄世界里的新人，但你至少已经知道抽雪茄时如何不让自己看起来像个傻瓜。

你很快会发现一件事：雪茄需要正确地存放在雪茄盒里，使它们保持巅峰状态。

在你自己家设置一个装有保湿器的烟草贮藏室，可以使你的雪茄保持在一流的状态，就像刚从当地烟草店买来时一样。然而，对于新手来说，这可能是一个令人生畏的设想。

也许你已经见过一些豪华、高档的雪茄盒，它们的观赏性与实用性一样重要。如果你有那么多钱可花，请一定要做我们的顾客。

如果你不想这样，请继续阅读不那么破费地购买第一个雪茄盒的建议。

但是首先让我们简单了解一下雪茄盒的起源。

雪茄盒的历史

雪茄盒的概念通常会追溯到一个名叫特伦斯·曼宁（Terence Manning）的爱尔兰家具工，他在国外磨炼技艺，之后于 1887 年回到爱尔兰。曼宁家族创造和推出了已知最早的雪茄盒，他们直到今天仍在从事雪茄盒生意。

早期雪茄盒是用优质木材做的，相当昂贵。现在有许多不太贵的雪茄盒，用适宜的较便宜材料制成——通常是木板、金属或内层贴有木片的有机玻璃。

1998 年，格里·施密特（Gerry G. Schmidt）在加州新港滩发明了便携式雪茄盒。然而，具有收藏价值的木制雪茄盒在雪茄客中仍很流行，如果有足够的预算，你可以为你的家庭锦上添花。

雪茄盒的分类

根据容量和用途，雪茄盒可以分为好几种。你应该根据个人需要购买雪茄盒。在这篇文章中，我们将继续讨论雪茄盒的型号和容量。

房间式 / 可进入式雪茄盒（room/walk-in humidor）。假如你经营着一家店铺，是雪茄供应商或分销商，或者是一个大收藏家，你就需要一个房间式雪茄盒。如字面意思，它是一个被改造成雪茄盒的房间。

柜式和台式雪茄盒（cabinet and table humidor）。这些是大容量的雪茄盒，可以容纳上千支雪茄。柜式雪茄盒本身就是一件家具，台式雪茄盒轻便一些，但是因为通常都又大又重，它们很少被移动。作为新手你可能并不需要或不想要任何一种，不过之后你也许会改变主意。

个人和便携式雪茄盒（personal and portable humidor）。你可能会对这两种雪茄盒感兴趣。个人雪茄盒很可能是你买的第一个雪茄盒，里面可以存放几十支雪茄。这些容器很小，相对较轻，可以移动。便携式雪茄盒是迷你型，可以盛装大约 12 支雪茄。它们非常适合旅行时使用。

就设计而言，也存在各式各样的审美类型，从最简单的矩形盒子到具有圆角和艺术线条的华丽木盒。你也可能发现带玻璃盖、可以看到里面的雪茄盒。选择什么样的设计完全要看个人偏好。

正如前面所提到的，现代雪茄盒的材料包括木板、金属和有机玻璃。另有一些现代雪茄盒完全用木头做成。常用的木材包括桃花心木（mahogany）、樱桃木（cherry）、胡桃木（walnut）、橡木（oak）、槭木（maple）和松木（pine）。

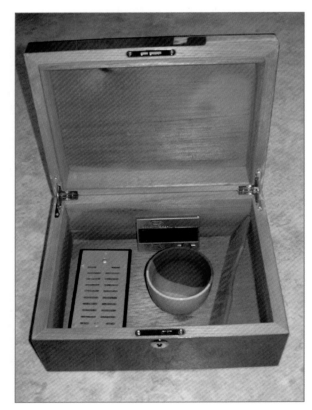

柜式和台式等较大的雪茄盒，可能是用较重的材料如大理石制作的。有些甚至可能是皮革面的。

雪茄盒内部的理想材料通常被认为是西班牙雪松木。这种木材很漂亮，并且功能性强。随着时间的推移，雪茄盒中的湿度会导致其他类型的木材弯曲变形，雪松木却可以承受。

你是否需要一个雪茄盒?

首先，你实际拥有多少支雪茄?

如果数量不够多，你也许还不需要雪茄盒，尤其是在你有一些方便使用的家用自封袋的情况下。

按照这种情形，如果你有一个冷藏箱，就可以将它作为临时的雪茄盒。这是一种常见的处理方法，针对这种冷藏箱做的雪茄盒（cooler-turned-humidor）甚至产生了一个口语惯用词：冷藏盒（coolidor）。随着所收藏雪茄数量的增多，你就需要一个真正的雪茄盒了。

雪茄盒应该有多大?

问问自己，在一定时间内，你会有多少盒雪茄。假设一盒雪茄有25支，计算出你需要多大的存放空间。

买一个比你预期需要稍微大一点的雪茄盒，通常是一个不错的计划，因为它具有更大的灵活性而不会浪费空间。

信不信由你，只要花10—20美元，你就可以从CheapHumidors.com等网站上买到一个小型雪茄盒。如果有兴趣购买二手的，可选择的价格空间将非常大。

多花一点钱，你就能买到一个更好或更大的雪茄盒，但是花上几百美元没有必要。外观有瑕疵但功能完好的雪茄盒会打折出售，不管是用过

的还是新的。

在买雪茄盒之前，如果你有一些雪茄散放着，那么它们可能很干。不要只是把它们扔到雪茄盒里，你需要将它们逐步重新加湿。

选择你的雪茄盒

你肯定想在你的雪茄盒里放一个温度计，还有一个湿度计（测量湿度的仪器，确保它是数字显示的；有时你需要校准，所以检查一下设备附带的手册）。

这样，你就能知道你的雪茄盒是否在理想环境下工作了：湿度保持在68%—72%，温度大约是18—21℃。

要准备好雪茄盒，你还得完成几个步骤。

首先，准备一个加湿器，它是放在雪茄盒里、保持湿度稳定的设备。加湿器有不同的类型，通常要装蒸馏水或丙二醇。

然后，用蒸馏水将雪茄盒内部擦拭干净，用大约1小时等它变干。

最后一步，你需要在里面放一小杯蒸馏水，把湿度计和温度计也放进去。关上雪茄盒，将加湿器留在里面48小时，有必要的话多加点水，因为雪茄盒的内壁会吸收水分。

在这之后，你的雪茄盒就可以使用了。每隔几天看一下湿度计，保证它是稳定的。

记住，每过几周至少要通一次新鲜空气，但这基本不会成为一个问题（或许除了冬天）。你可能需要一些尝试，才能确定哪种雪茄盒最适合你。

——丹尼斯·K.（Denis K.）

哈瓦那的广场

武器广场（Plaza de Armas）

　　这里发生过的事情太多，多年来我参观和探索了无数次，拍了很多照片，才对这里所能看到的一切有了深入了解。如果不着急，你可以花几个小时参观各种建筑：总督府（Palacio de los Capitanes Generales）、皇家军队城堡（Castillo de la Real Fuerza）、桑托维尼亚伯爵宫（圣伊莎贝尔酒店）[Palacio de los Condes de Santovenia（Hotel Santa Isabel）]、教堂（El Templete）和国家自然历史博物馆（Museo Nacional de Historia Natural）。你还可以在广场中心拥有卡洛斯·曼努埃尔·德·塞斯佩德斯（Carlos Manuel de Céspedes）纪念像的小公园里漫步，参观餐厅上方的艺术家工作室（入口在厨房前室），或者做一些我喜欢做的事情……在那些面向广场的餐厅露台上找个座位，一边抿着莫吉托鸡尾酒，一边看着世界变迁。无论你想看什么、想做什么，这里总有适合的东西。我最喜欢的餐厅之一就在广场后面——面对着哈瓦那湾的教堂餐厅（El Templete Restaurant）。

这里被认为是哈瓦那最古老的广场，在 1520 年哈瓦那城建立后不久就开始规划了。但是直到 16 世纪末期，它才被称为"武器广场"。当时的殖民地总督（驻扎在皇家军队城堡）频繁举行的军事演习会通过广场，所以人们开始以现在这个名字称呼它。到了 18 世纪，广场成为这座城市运作的重要部分和值得一看的地方，但是随着时间的推移它开始衰败。1935 年，一些修复项目开始实施，使它恢复到 19 世纪中期的样子。1955 年，根据一些古巴人的要求，广场中心的费尔南多七世（Fernando Ⅶ）雕像换成了现在的卡洛斯·曼努埃尔·德·塞斯佩德斯雕像。

这个广场有丰富的历史，但也是一个适合参观的美丽的地方，有很多可以看的东西、可以做的事，从环绕小公园的书市（星期二到星期天开放）开始，那里不仅卖旧书，而且有各种小饰品……手表、相机等俄罗斯老物件，各种旧时的古巴邮票、海报、唱片、硬币，当然还有书。

国家自然历史博物馆非我所好，我更喜欢近距离、亲自观察古巴的动植物。我喜欢总督府（给自己一个小时的时间参观），也喜欢皇家军队城堡。我很想多看看圣伊莎贝尔酒店，但是大厅以外的地方不能去……迄今为止。教堂不是我所期望的。多年来，我在广场中心的公园里散步，拍了各种各样的照片，和许多人交谈。

有一天，我发现了餐厅上面的艺术画廊，在那以后我去参观过好几次。艺术家们很平易近人；当然，他们想出售一些作品——这是经

法律文件许可的。安吉尔·拉米雷斯（Angel Ramirez）是我最喜欢的艺术家之一，他在那里有自己的工作室，著名的女艺术家扎伊达·德尔·里奥（Zaida del Río）也是如此。艺术家们有时在那里，有时不在，但他们的艺术总是在那里，而且看的时候不用花钱。

最后，即使不喜欢这些东西，至少你还可以舒服地坐在一个露台上喝一杯鸡尾酒或牛奶咖啡，看着当地人和其他游客走过。堡垒、宫殿、教堂和博物馆都要花几美元才能进去，而在宫殿里你要花更多的钱才能获准拍照。广场是开始或结束哈瓦那旧城之旅的理想地点；出租车可以停在广场旁边 [通过海滨大道（Malecon）]，当你准备离开时总有车等着载客。

——M.S.

大教堂广场（Plaza de La Catedral）

　　大教堂广场是我在古巴有幸参观过的最美丽的广场之一，我每次去旅行都至少要特意去参观一次。圣克里斯托瓦尔大教堂（Catedral de San Cristobal）是广场的亮点和得名原因。它最初的名字是哈瓦那圣母玛利亚无玷始胎大教堂（La Catedral de La Virgen Maria de La Concepcion Inmaculada de La Habana）（又长又拗口）。自从被献给圣克里斯托瓦尔之后，它的名字就变成了现在的这个——圣克里斯托瓦尔大教堂（谢天谢地）。它坐落在另一座教堂的原址上，由耶稣会修建，始于 1748 年，1777 年完工。在临广场的这一边，教堂离海滨大道只有大约 100 米。站在教堂前面你可以看到它。

3499 UN MULO DE LA HABANA　　　　　　　　　　　Copyright, 1900, by Detroit Photo

教堂对面的建筑自 1963 年以来是殖民艺术博物馆（Museo de Arte Colonial）所在地。这栋房子建于 1720 年，曾是古巴军事总督唐路易斯·查孔（Don Luis Chacon）的住所。里面布置的是 18—19 世纪的大量精美藏品，是从哈瓦那众多殖民地时期的宅邸中收集来的。其中还有一些漂亮的陶瓷制品。去看看吧，即使只是为了欣赏从楼上看到的风景。在那里你可以拍一张很棒的大教堂照片。

博物馆旁边有一条很小的死胡同，叫作溪流巷（Callejon del Chorro）。胡同的尽头是图形试验工作坊（Taller Experimental de Grafica）。它创立于 1962 年，吸引了许多年轻艺术家，并已成为艺术界人士的聚会场所。这是一个致力于版画艺术的工作室。每张版画都是限量印作的，其中一些作品相当生动，对古巴当前的政治形势进行了抨击。我很惊讶其中一些居然是被允许的。它绝对值得一游。进去转转吧。走进去之后，你会立刻发现墙上挂满了照片，再往里一点就可以看到印刷品。没人会来打扰你。如果想买的话，价格都已标明，而且相当合理。

广场一侧有一家名为"庭院"的酒吧餐厅，还有一些纪念品商店。这家餐厅在广场上、在一个有遮挡的庭院中和带天井的室内都有带伞的桌子。我坐在广场上的一张桌子旁，除了一杯卡布奇诺和一支雪茄什么也没要，所以我不能告诉你那里的食物如何，但我不会在那里吃饭。他们总有乐队在外面现场演出，因此在浏览完毕之后，这里是一个令人愉快的休息之处。当心，会有人想给你画漫画像。无论你是否需要，他们总是友好的。我有很多这种漫画，你回报给他们任何东西他们都会感激。

别忘了广场的另一边，也就是餐厅的对面。隆比勇府邸（Palacio de Lombillo）（建于 1618 年）前矗立着安东尼奥·加德斯（Antonio Gades）的雕像，他是来自西班牙的一位著名弗拉门戈舞蹈家。他生于 1936 年，卒于 2004 年。这座雕像为什么会在这里？我常想弄明白。

他是一位共产主义者，是古巴革命的捍卫者。他与古巴有着牢固的个人和政治关系。菲德尔·卡斯特罗是他与玛丽索尔（Marisol）结婚时的伴郎。他晚年的很多时间在古巴度过，去世前几周被菲德尔·卡斯特罗授予何塞·马蒂勋章。他的骨灰保存在哈瓦那的国家革命英雄先贤祠（National Pantheon of Heroes of the Revolution）中。

好了，就这样。如果你想好好看看它，要花一个多小时的时间；如果你想在餐馆里放松一下，喝杯咖啡的话，就得花更多的时间。我相信这是哈瓦那最值得参观的三个广场之一。

——M.S.

圣弗朗西斯科广场（Plaza San Francisco）

圣弗朗西斯科·德·阿西斯大教堂和修道院（Basilica and Monastery of San Francisco de Asis）（广场因此而得名）建于 16 世纪末，但在此之前这里就有一个广场。一切始于那个世纪早期，当时西班牙船只在返回西班牙的途中会在此停泊。在那个时候，一个市场先于教堂而兴起，最终它被迁移到了旧城广场（Plaza Vieja）。圣弗朗西斯科广场是这座城市第二古老的广场。20 世纪 90 年代末以来，它经过了一些重大修复。面向广场的马埃斯特腊山终点站（Terminal Sierra Maestra），是大型游轮卸载游客的地方。商业市场（Lonja del Comercio）的前身是建于 1909 年的大宗商品市场（Commodities Market），它是 1996 年的修复成果的一部分。现在它被用作与古巴合资的外国公司的办公场所。

挨着教堂的白色大理石喷泉被称为"狮子喷泉"（Fuente de Los Leones），是意大利雕塑家朱塞佩·加金尼（Giuseppe Gaginni）在 1836 年雕刻的。教堂入口前摆着巴黎骑士（Caballero de Paris）的雕像。这座雕像是何塞·玛丽亚·洛佩兹·莱丁（Jose Maria Lopez Lledin）

制作的，刻画的是一个众所周知的、善良的流浪汉，他在50年代走遍了哈瓦那，变得非常有名。

广场面朝港口，给人一种非常大的感觉。它是一个漂亮的地方，可以在奥连特咖啡馆（Cafe Oriente）的露台上喝一杯，参观一个艺术画廊，或者进入教堂，爬上钟塔，欣赏广场和更远处的迷人风光。这里还有一家银行，你可以去换钱或从信用卡里取钱。在我看来，即使是一个哈瓦那旧城参观地的精简列表，也应该列上这个广场。

——M.S.

如何识别假冒古巴雪茄

本章将帮助你分辨真伪古巴雪茄。

我经常被问的一个问题是，如何识别假冒古巴雪茄。这是一个很好的问题，因为对于美国抽烟者来说，尽管购买古巴雪茄是非法的，仍然有一些人无论如何也要去做。因为它们仍被认为是"禁果"，还是因为大部分雪茄客相信古巴雪茄仍是世界上最好的雪茄？答案更像是二者的综合：古巴生产的雪茄如此之好，以致你必须弄一点来，即便冒着被美国海关查获的风险。

而且它们也并不便宜；除非你被骗子骗了，当你在加勒比某地度假的时候，他们会以看起来很不错的价格卖给你一盒所谓的"哈瓦那雪茄"。很有可能，它们是假冒的。那句老话是怎么说的？"傻瓜和他的钱……"

（译者注：全句为 A fool and his

money are soon parted.）稍后再详细介绍。

　　是的，曾经古巴雪茄是全世界最好的，几乎无与伦比。季诺·大卫杜夫（Zino Davidoff）在 20 世纪早期就意识到了这一点，他是第一个将古巴雪茄向全世界推销的欧洲零售商。后来，他开始以自己的名字为品牌，在古巴生产雪茄。此外，当你在 20 世纪 20—60 年代（甚至可能在 1962 年禁运之后）的老电影里看到有人抽雪茄时，你可以打赌他们抽的是古巴制造的雪茄。

不要陷入骗局

　　让我生气的是，即使后来世界上大部分顶级雪茄都是尼加拉瓜生产的，雪茄客仍然会抓住机会去买古巴雪茄。别误会我。仍有一些令人惊叹的雪茄在哈瓦那生产，但即使在那里，你也会发现假冒的古巴雪茄几乎与正牌的一样多。马路上满是寻找买家的骗子，他们要找的是那些想买一盒真正的古巴雪茄，但是只乐意出低于商店价钱很多的的人。为了能成交，这些骗子通常会说"我的兄弟在高希霸工厂工作"什么什么的。容易上当的人觉得自己要得到高希霸或蒙特克里斯托了，

而实际上拿到的更可能是用廉价烟草卷制的雪茄，甚至都不是正规厂家生产的。

因为在加勒比这样的地区你更有可能买到假冒古巴雪茄，这里介绍一下大概的骗局："罪犯"买一批在多米尼加或中美洲其他国家生产的价廉质劣、没上茄标、没有牌子的雪茄，贴上伪造的古巴雪茄标签，放在正品古巴雪茄盒里，以尽可能多宰的价格卖给一个容易上当的人，经常多达几百美元。

在上述情况下，受骗的人直到点燃一支高价购买的雪茄，才会意识到自己被宰了。如果是有经验的雪茄客，他甚至会因为自己被骗而感到暴怒。但是关于骗局了解这么多就够了，下面将介绍识别假冒古巴雪茄的关键。

检查包装

如果包装看起来可疑，那么里面的东西可能也值得怀疑。了解古巴雪茄是如何包装的，会大幅降低被骗的可能。例如，高希霸、帕塔加斯、潘趣（Punch）、好友蒙特雷、罗密欧与朱丽叶（Romeo y

Julieta）、蒙特克里斯托等流行古巴品牌，雪茄盒的右上角都贴着哈伯纳斯公司的封签。还要确保雪茄盒的左侧具有古巴品质保证封签。在所有中美洲手工雪茄的雪茄盒上，你都能看到这些熟悉的封签。它们看起来有点像纸币，是用不同的颜色印刷的。当然，印在纸上的任何东西几乎都是可以仿制的，再加上如今技术的发展，只有训练有素的眼睛才能分辨真伪间的区别。为了防止被仿冒，2010 年哈伯纳斯公司设计了一种新的水印封签，使用超强的黏合剂，右侧是全息图像，左侧是条形码。

确认古巴封签的真实性，可以帮你避开假冒的古巴雪茄。

如果骗子们不嫌麻烦伪造了封签，你可以打赌茄标也是仿冒的。就在去年，一位顾客寄给我一盒冒牌阿图罗·富恩特（Arturo Fuente）雪茄（多米尼加产的！），很明显茄标是廉价印刷品，极有可能是激光打印的。甚至雪茄盒也是错的，我很快就会讲到。虽然许多假冒古巴雪茄的茄标看起来很像正品——在某些罕见的情况下就是正品——但下列问题也并不罕见：拼写错误、排列不准、颜色和 / 或

字体不正确、缺少压印；就高希霸雪茄而言，茄标上的白色方块大小或数量不对。茄标通常是第一眼看到的地方，你对正品茄标及其属性越熟悉，就能越快知道如何识别假冒古巴雪茄。

现在讲讲冒牌富恩特的雪茄盒。它有一个可以滑进滑出的玻璃盖。假冒高希霸雪茄也经常这么做。事实上，古巴雪茄工厂从来不会制作带玻璃盖或透明塑料盖的雪茄盒。如果有人试图卖给你一盒古巴雪茄，而雪茄盒是玻璃盖，仅凭这一点你就应该一走了之。

雪茄盒要检查的一处最重要的地方是它的底部。一个正品古巴雪茄盒的底部应该具有以下所有标志：

"Habanos S.A., Hecho En Cuba"［哈伯纳斯公司，古巴制造（西班牙语）］字样。

如果是手工雪茄，还会写上"Totalmente a Mano"（纯手工制作），而不是大家更为熟悉的"Hecho a Mano"（手工制作），像古巴之外的优质手工雪茄标明的那样。

雪茄生产厂家的代码。

雪茄包装的日期戳。

如同假冒雪茄的茄标那样，雪茄盒的底部可能会缺失上面提到的某些内容，包括打印错误，甚至有可能用不同的字体印刷。

了解价格

　　价格也可能让假冒古巴雪茄露出马脚。如果价格便宜得令人难以置信，那么它很可能是假的。所以去了解顶级古巴雪茄品牌的相对价格吧，尤其是最常被假冒的那些，如高希霸限量版、蒙特克里斯托2号、帕塔加斯 D 系列 4 号等。如果有人想以 50 或 100 美元的价格卖给你一盒价值 350 美元的古巴雪茄，它一定不是真货。

了解古巴雪茄

　　除非你已经抽过相当多的正品古巴雪茄，不然很容易被骗，特别是在造假者一切都用真的，只有雪茄是假的的情况下。这会让人进退两难，因为想得到正品更困难、更昂贵——甚至还违法。怎么办呢？与非古雪茄相比，古巴雪茄具有一些独特的属性。首先，雪茄的触感和外观。古巴雪茄的茄衣通常天然是油性的，具有平滑的、黄油般的外表，古巴科罗霍茄衣烟叶还独具一种均匀的棕色色调；除了金字塔和鱼雷等异形雪茄，它们的茄帽顶部没有那么圆。古巴雪茄的灰烬总是灰色的。许多在古巴之外生产的雪茄拥有相似的属性，但是如果茄衣没有那种柔和的油性棕色光泽，顶部是圆的，灰烬是白的，那么它就并非来自古巴。

我只能说：买者自负啊，我的朋友（Caveat emptor mi amigos）。

——加里·科布，《雪茄顾问》

（Gary Korb，*Cigar Advisor*）

（2014 年 5 月 12 日）

燃眉之急：雪茄燃烧问题

优质雪茄是一件艺术品。制作一支手工雪茄要经过许多流程，为了让你我最终享受到美妙的烟雾，有许多人参与进来。当然，不是每一支雪茄都能达到完美，但这是生产团队的目标。有些人，比如我自己，想了解许多常见的燃烧问题，本章的目的是帮助这些人。我们不时会遇到的燃烧问题包括隧道式燃烧（tunneling）、独木舟式燃烧（canoeing）、飞跑式燃烧（runners），以及许多其他问题。

想象一下，度过漫长而紧张的一天后，你终于下班了。回家的路上，你开始想最近几天留意着的那支特别的雪茄。这支雪茄可能是挚友送给你的礼物，或者是你一时兴起买的。离家越近，你的兴致越高，最后你终于决定今晚点燃那支雪茄，驱散自己的

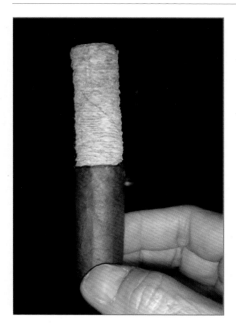

压力。

你穿过大门，里面一片沉寂。孩子今晚在亲戚家过夜，你的另一半几个小时后才能到家。你决定利用这段安静的时间，于是取出那支特别的雪茄。

你在吸烟区舒服地靠着，开始点燃雪茄的末端。慢慢地，末端变成黑色，烟雾开始飘出。轻轻地吸了几口之后，你的雪茄发出樱桃红的光，你的压力开始消散。

上面描述的情况对我来说很少见，但我期待着每一个能在安静、平和的环境中享受一支优质雪茄的机会。浓浓的烟雾让我足够放松，可以忘掉白天的压力，享受高质量的"个人时间"。

当我抽着雪茄享受安静时光的时候，我常常被雪茄燃烧的方式吸引。最近我对雪茄燃烧的方式着了迷，常想弄明白为什么有时候雪茄的燃烧均衡可控，而别的时候燃烧得很糟。

就像对于任何一项不错的嗜好，我经常去读所有我能找到的关于雪茄的东西，但在雪茄为何以某种方式燃烧这方面，我吃惊地发现想找到任何一种燃烧问题的具体原因都太难了。

不良燃烧是什么样的，我该如何避免？

正确的点燃技术

不良燃烧有许多不同的特点，最常见的表现是燃烧线的细微变化。不良燃烧的这一表现，一般以燃烧线的差异超过 3/8 英寸为特征。使用这一特定数值，是因为雪茄这种手工卷制的有机产品很难实现绝对完美的燃烧。通常情况下，燃烧线的差异小于 3/8 英寸时可以自我修正，并在短时间内变得平齐。

最初点燃时燃烧过快可能导致出现糟糕的燃烧线。抽雪茄最关键的一步是最开始时用合意的火焰去接触雪茄的末端。

很多时候，只要烘烤雪茄末端时小心谨慎，就可以避免燃烧不均匀的情况出现。想要正确地烘烤的话，要用拇指和中指夹住雪茄，同时使手掌与地面成 45° 角。用另一只手点燃打火机，慢慢将让火焰靠近雪茄末端。当火焰慢慢靠近时，注意雪茄末端是否变色或冒出烟来。一旦雪茄末端冒出少量烟雾，就不要再将火焰继续移近了。通常焰舌刚好接触到雪茄末端，或与末端有一点距离。火焰处在恰当的位置之后，开始慢慢旋转拇指和中指之间的雪茄。这样有助于避免末端的某一点过分加热。（另外，你可以选择使火焰绕着雪茄末端做圆周运动。）在慢慢旋转雪茄的时候，手腕轻轻移动带动打火机，使雪茄底部均匀地变黑。当雪茄底部均匀变黑，茄衣的末端有一条窄窄的燃烧圈时，你就知道是时候熄灭打火机了。

现在雪茄点燃得正好，将它的头部放进嘴里，轻轻地吸几口，同时重复上述烘烤过程。吸的时候一定要在嘴里转动雪茄，这样有助于均匀点燃。当你感觉雪茄已经被均匀地点燃时，将它从口中取出，轻轻地吹一下末端，看看末端的边缘是否均匀地燃烧。如果雪茄没有被均匀

点燃，重新将其放回嘴里，重复点燃的过程，直到你感到满意。花点时间正确点燃雪茄，将会大大减少遇到不良燃烧问题的概率。

燃烧问题

在某些情况下，即使非常小心，正确地点燃了雪茄，它仍会出现燃烧不良的问题。其中一个例子是风造成的不均匀燃烧。大多数情况下，这是因为在室外有风的环境中抽吸。当你抽着雪茄时，风一直从一个方向吹来，这会导致燃烧加剧。

整支雪茄的湿度不均匀也可能导致燃烧不良。这通常是因为雪茄被光秃秃地（没有玻璃纸包装）直接放在潮湿或湿度增加的物体表面了。当茄衣接触潮湿表面时，它就像海绵一样吸收多余的水分，并通过毛细作用使水分进入雪茄内部。这样的雪茄点燃时，较潮湿的一面比干燥的一面燃烧得慢得多。这也会导致燃烧问题，与风引起的那种很像。

在某些情况下，燃烧问题可能是雪茄卷制不好直接造成的。这种问题在学徒卷制的雪茄中最为常见。这些卷制工有时卷得太松，有时太紧，这不仅会影响抽吸，也会引起燃烧问题。如果怀疑存在这种问题，请密切关注抽吸状况。如果抽吸时感觉到由紧变松，或者相反，那就说明雪茄卷制得很糟糕，会导致燃烧不均匀。

这种燃烧问题有时可以通过"补燃"（touching up）来解决。补燃雪茄很像最开始的烘烤，不过只是点燃雪茄烧得慢的一边。补燃时不要着急，避免吸得过猛，烧得慢的一边就会逐渐开始加快燃烧了。随着时间的推移，烧得慢的一边赶上烧得快的一边的机会大大增加，这样就把燃烧问题解决了。如果有一支雪茄卷制得太紧或者堵塞了，通常可以用雪茄疏通工具来获得良好的抽吸体验。

至此，对于辨别燃烧良好和有燃烧问题的雪茄，你应该有了自信。另外，可以正确地点燃雪茄，解决一些常见的燃烧问题，你应该也会感觉很舒服。

更严重的燃烧问题

有时候，你可能会因为雪茄出现严重的燃烧问题而陷入尴尬。如果能及早发现，有些严重的燃烧问题是可以避免的；但是要想早点发现，你必须了解应该注意什么以及如何补救。

独木舟式燃烧

在严重的燃烧问题中，最常见的可能是被称为"独木舟式"的这种。这类燃烧问题是指，雪茄的燃烧线失控，燃烧在茄体一侧深入。如下图所示，就像雪茄被纵向劈成了两半，只有一边可以燃烧。

独木舟式燃烧有时可以通过留意燃烧线的外观而及早发现。正常的燃烧线应该又细又均匀地围绕雪茄一周。独木舟式燃烧的一个早期征兆是，燃烧线的一部分变得不规则、变宽。这通常意味着雪茄升温不均匀，有可能一侧会开始以更快的速度燃烧。当这种更快燃烧的现象发生时，较热一侧的茄套和茄衣就会先燃烧，而另一侧燃烧很慢。

在这种情况下，要阻止独木舟式燃烧的发展，可以试着降低抽吸的速度。要格外小心地轻吸、少吸。这么做可以使过热的一侧冷却，继而让雪茄末端的燃烧平衡。如果纠正起来过慢，你也可以考虑通过补燃（如前所述）来使燃烧较慢的一侧加速燃烧。

如果你发现现象太严重，无法通过降低抽吸速度的方法来补救，可以把雪茄放下让它熄灭。在雪茄冷却并且完全熄灭之后，用断头台式雪

茄剪切掉末端，这样你就又有了一个新的平齐的开端。剪断之后，将雪茄放入口中并轻轻吹气，清除其中可能残留的因烟草不完全燃烧而产生的难闻的化学味道。清理完毕，再次开始烘烤和点燃的过程，以便继续享受你的优质雪茄。

隧道式燃烧

当隧道式燃烧发生时，恰似雪茄中间放了一根导火线，点燃之后将芯部烧尽，留下了完整的外壳。雪茄的茄芯由内而外慢慢燃烧。发生隧道式燃烧时，中间的烟灰掉落，茄体内部出现一个洞或一处空缺。

这类燃烧问题通常出现在吸烟慢的人那里。雪茄被放在烟灰缸上，或者抽得不够频繁时，燃烧着的末端有一部分熄灭了。当外表熄灭时，茄芯仍在阴燃。茄芯继续慢慢地阴燃，会将整支雪茄烧通。因为抽吸得非常不频繁，茄芯一直在燃烧，而茄套和茄衣仍是凉的，没有燃烧。最后，吸烟者因烟量不足而困扰，在烟灰缸上轻敲雪茄，烧过的茄芯随即掉了下来，露出一条贯穿雪茄的隧道。

这类问题的一个常见征兆是抽吸时烟雾的量逐渐减少。除了烟雾不足，烟灰也不再沿着雪茄产生。要解决隧道燃烧问题，最简单的方法就是立即补燃雪茄末端，并开始以稍快的速度抽吸。此时也建议先清除雪茄中的杂气，因为不完全燃烧的烟草可能给你的味蕾留下不愉快的味道。

就像处理太严重的独木舟式燃烧一样，你可以让雪茄冷却并熄灭，然后夹断末端，重新点燃，再次开始抽吸。

锥体式燃烧（Coning）

锥体式燃烧与隧道式燃烧相反，表现为从雪茄末端凸出一个尖顶。这类燃烧问题常发生在享受快速吸烟的人那里。因为抽吸频繁，密实的茄芯开始升温，没有足够的时间适当冷却。当这种情况发生时，有点过热的茄芯烧掉了茄套和茄衣。由于这段茄芯保持高温状态，燃烧得比周围的烟草慢，因此它们留在末端，并凸出在茄套和茄衣之外。当然，粗糙、致密、充满树脂的烟叶（例如浅叶）会加剧这一问题，因为它们不像其他类型的烟叶那样容易燃烧。

锥体式燃烧可能发生的一个征兆是烟气逐渐酸涩。随着茄芯变得过热，其周围的烟叶也变得很热，容易产生热而难闻的味道。

如果遇到锥体式燃烧问题，建议将雪茄放下，冷却几分钟。等茄芯降温后，就可以恢复抽吸了，但一定要以慢得多的速度进行。这将使茄芯保持一定的低温，并赶上茄套和茄衣燃烧的速度。

另一种防止锥体式燃烧问题出现的方法是让烟灰留在雪茄末端，直到它看起来要掉下来。这会限制空气进入燃烧的茄芯，有助于雪茄末端保持一定的低温，以此减慢燃烧的速度。

飞跑式燃烧

在所有严重的燃烧问题中，飞跑式燃烧最有可能在几分钟之内就破坏一支雪茄。当飞跑式燃烧发生时，燃烧线会出现剧烈的变化，像是从雪茄上取下来了一部分。

很多情况下，出现飞跑式燃烧的原因是茄衣上有一个粗大的叶脉。当这个粗大的叶脉开始燃烧时，它更像一根导火线，开始纵向引燃雪茄，并在燃烧时破坏茄衣。最好的描述方法是，想象一下你拉开外套拉链的过程。当顺着你的外套向下拉拉链时，它沿着一条可预测的线移动，上

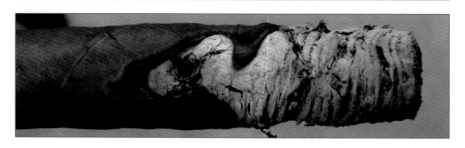

方的外套随之被打开。对于雪茄来说，这条可预测的路径就是一根粗大的叶脉。当雪茄沿着叶脉燃烧时，茄衣就会把自己拉开，出现一个大大的裂口，于是茄套露了出来。

通常人们把偏离中心的隧道式燃烧也归为飞跑式燃烧。在这种情况下，隧道偏离于雪茄的中心形成，并且接近茄衣。随着隧道变大和温度上升，雪茄上会出现一个洞，通常在离燃烧线一英寸以内的位置。乍一看这就是茄衣上出现的一个小洞，但它很快会变成一个更大的洞，最后产生与飞跑式燃烧一样的结果。茄衣上会产生一个很大的开口，露出茄套和茄芯。

如果你发现自己遇到了隧道式燃烧引起的飞跑式燃烧问题，最好的处理方法就是让雪茄冷却，然后剪掉末端、重新点燃，像上文所说的那样。如果是叶脉引起的飞跑式燃烧问题，首先要做的就是弄湿你的指尖，在有问题的叶脉上涂抹少量唾液。这将有助于减慢剧烈的燃烧，甚至有望让它停下来。如果增加水分没有帮助，观察叶脉有没有变小或者消失的迹象；如果是，继续抽吸，寄希望于它在毁掉你的雪茄太多之前能停下来。

通常很难判断雪茄是否会发生、什么时候发生飞跑式燃烧问题。事实上，在写这篇文章时，我抽了带有很大叶脉的雪茄，这样我就有可能拍到一张飞跑式燃烧现象的照片。但是我没有如愿，这表明雪茄有粗大叶脉并不一定会引起飞跑式燃烧现象。

现在，你应该很轻松就能判断和处理从简单到严重的燃烧问题。最重要的是要记住，在处理燃烧问题时，不管有多复杂，都要从容地去判断，在试着解决正在发生的问题时要有耐心。

抽雪茄时的麻烦事

现在，你已经掌握了燃烧问题的产生原因及补救方法，我想再简单讨论一些关于燃烧的麻烦事。它们通常不会造成大问题，但是体验到的时候会变得越来越令人恼火。

抽雪茄的时候，你偶尔可能会注意到，燃烧线附近有一些小鼓包。这是雪茄过度潮湿产生的令人反感的结果，通常不会导致严重的燃烧问题。当雪茄过度潮湿时，烟草燃烧带来的剧烈升温有时会把雪茄里的水分瞬间蒸发掉。水分变成蒸气时体积增大，导致茄衣和茄套膨胀。

茄衣和茄套开始膨胀，会引发一些不同的问题，最常见的就是烟叶快速膨大造成茄衣上出现小裂缝。这通常发生在易碎的烟叶上，例如喀麦隆茄衣烟叶。当这类膨胀发生在如康涅狄格阴植烟叶等较坚韧的茄衣上时，烟叶会胀大而不是破裂。结果就是烟叶上出现小鼓包。

解决这一问题最简单的方法是降低抽吸的速度。这会使多余的水分以较慢的速度变为蒸气，最终使烟草膨胀变慢。

除了外观问题，过度潮湿还会导致雪茄很难持续燃烧。就我个人而言，这在雪茄麻烦事中是最令人恼火的。由于雪茄里存在着多余的水分，燃烧变成了一种阴燃。这会导致雪茄不断熄灭，尤其是当你放慢抽吸速度想解决茄衣破裂或起泡等其他问题的时候。没有什么比每隔几分钟就得重新点燃雪茄或者仅仅为了让它持续燃烧而拼命抽吸更糟糕了。要解决这类问题，你必须密切注意燃烧线。试着找到合适的抽吸速度，这样你的雪茄才能持续燃烧，同时不破坏茄衣。

为了避免雪茄过湿，最好的方法就是留心你的雪茄盒的相对湿度水平。使你的雪茄保持一个

恒定的相对湿度（%RH），在 65%—70% 的范围内，这样你就可以避免其中的许多问题。

当然，也可能雪茄里卷进了太多的烟叶，变得很紧或者堵塞，这会加重过湿的影响。在这种情况下，你可以用疏通工具来挽救一支堵塞或抽吸困难的雪茄。

最后，简单地将有问题的雪茄扔掉，拿起一支新的，可能压力更小、更容易一些。然而，我在上面给出的建议可以帮你解决常见的燃烧问题，同时享受抽雪茄的乐趣，让你省事又省钱。

收 尾

首先，我希望你喜欢阅读这篇文章，就像我喜欢写它一样。我花费时间创建一个关于燃烧问题及补救方法的列表，可以归因于我发现这一主题下的资源很少。

作为一名刚入门的雪茄爱好者，我经常发现自己在寻找这些燃烧问题的答案。我所要的结果通常会出现在雪茄零售商撰写的简短的 FAQ（常见问题解答）文章中，但是他们没有花太多时间讨论我遇到过的问题。在一小时又一小时的阅读和雪茄研究之后，当我再遇到这些问题时，我终于能坦然地判断和纠正它们了。我的目的是帮助那些与我面临相同状况的人。

——沃尔特·怀特（Walt White）

✦ 马克·吐温有着很强的幽默感，但是雪茄鉴赏力很差 ✦

"在哈瓦那的一个博物馆里，存放着克里斯托弗·哥伦布的两个头骨——一个是他小时候的，另一个是他成年之后的。"马克·吐温在《托马斯·杰斐逊·斯诺德格拉斯历险记》（*The Adventures of Thomas Jefferson Snodgrass*）中描写古巴首都时这样说。吐温是一位作家、讽刺家和美国的象征；他是古巴独立的拥护者，也是一个狂热的雪茄客。

1897 年，马克·吐温在他的游记《赤道环游记》（*Following the Equator*）[又名《再游海外》（*More Tramps Abroad*）]中自语道："我发誓每天只抽一支雪茄。我一直等到睡觉的时候才抽雪茄，然后我享受了一段奢侈的时光。但欲望日复一日地逼迫我。我发现自己在寻找更大的雪茄……不到一个月，我的雪茄就长到可以当拐杖的程度了。"

多年来，我的朋友们一直都说我是烟草的忠实消费者。这是真的，但是我的吸烟习惯已经改变了。当我向你解释我现在的目的时，我毫不怀疑你会说，我的品位已经退化了，但我并不这么认为。让我简要地告诉你我个人与烟草的关系

史。我想，当我还是个孩子的时候它就开始了，它以一英镑的形式出现，我则成了将它塞在舌下的专家。后来我了解了抽烟斗的乐趣，我想，我那个年纪的年轻人中，没有谁能更灵巧地把嚼烟切下来，放进烟斗里抽。

好吧，随着时间的流逝，我终于实现了年轻时的一个抱负——我可以买最好的哈瓦那雪茄，而不会严重影响我的所得。我抽了很多……

吐温深深地与抽雪茄联系起来。在写于19世纪90年代的散文《关于烟草》中，吐温这么说：

"没有人能告诉我什么是好雪茄——对我来说，我是唯一的评判官。有些自称认识我的人说，我抽的雪茄是世界上最糟糕的。他们来我家时自带雪茄。当我递给他们一支雪茄时，他们流露出一种没有男子气概的恐惧，他们撒谎说得赶快离开去赴约；但当我用食物招待他们时，他们并不这么做。"

古巴朗姆酒和雪茄

多年来，加勒比海地区和拉丁美洲的朗姆酒（rum）生产占据了世界上的最大份额，这与古巴密切相关。朗姆酒是用甘蔗汁或糖蜜等甘蔗的副产品制成的蒸馏酒。甘蔗汁经过发酵，然后蒸馏。朗姆酒通常在80度左右。用古巴的甘蔗制成的朗姆酒让优质朗姆酒名扬天下。今天的许多著名朗姆酒生产商都源于古巴，例如百加得（Bacardi）。

朗姆酒有着奇怪的历史。朗姆酒与啤酒或水混合制成的格洛格酒（grog），会被英国皇家海军添加到引擎中。它还被许多海盗船用作燃料，也是类似的混合物，称为班博酒（bumbo）。

当然，就像威士忌一样，它在贸易方面也很受欢迎，成为三角贸易或说奴隶贸易的重要一环。在禁酒令时期（Prohibition），它重新流行起来，当时朗姆酒走私商在夜间通过秘密的离岸交货将加勒比海地区的朗姆酒带到美国海岸。

与威士忌界一样，朗姆酒也有许多种类和等级。白朗姆酒或淡朗姆酒是最受欢迎的商业类型。它们往往是甜的，主要用于制作混合饮品。但还有些深色或棕色朗姆酒，是在橡木桶中陈酿的。最后还有优质棕色朗姆酒，也在橡木桶中陈酿，与上等白兰地、干邑或威士忌有很多相似之处。

就像威士忌和其他烈性饮料一样，这种烈酒的高端品类也有市场。它拥有狂热爱好者。这正是我们感兴趣的群体。优质朗姆酒是一种令人印象深刻的饮料。首先，它们是用糖蜜制成的。糖蜜能酿成最好的高质

量朗姆酒。这些朗姆酒是桶装陈酿的，可以装在白兰地杯或威士忌杯里饮用。它们既可以什么都不加，也可以加冰块。它们散发着令人印象深刻的芳香，包括橡木、核果、葡萄干、蜂蜜、杏和忍冬等味道。它们并不甜，却是相当令人愉快的圣水。

多年来，存在着享受雪茄时配以不同饮品的各种传统。波特酒？白兰地？威士忌？

众所周知，温斯

顿·丘吉尔喜欢白兰地和雪茄。丘吉尔家的一位常客查特韦尔（Chartwell）曾经说过："他是一位非常和蔼且慷慨的主人，无限量供应香槟、雪茄和白兰地。"他的最著名的传记作家之一宣称，丘吉尔总是在晚餐后抽一支雪茄，喝一两杯白兰地，有时阅读或写作直至凌晨。

美国人似乎更喜欢威士忌和雪茄。尤利西斯·格兰特（Ulysses S. Grant）和马克·吐温等人使这种组合出了名。马克·吐温曾说过一句妙语："任何事物太多了都不好，但好威士忌再多都不够。"

但在古巴品尝上等古巴雪茄时，啜饮波特酒、白兰地或威士忌是不可想象的。在古巴，你可以品尝到上好的桶装陈酿朗姆酒。

当你开始研究古巴朗姆酒时，你会注意到一个最流行的术语——"ron añejo"，实际意思是"老朗姆酒"。这一术语似乎表明这是一种最早的产品，然而生产者不同，其等级差别非常大。

自 20 世纪 60 年代初以来，古巴朗姆酒在美国就买不到了，但在世界其他地方都有销售。它们具有很高的收藏价值。优质朗姆酒市场充满活力。

随着这些品牌进入市场，它们将更容易被发现，变得更加有名。但是如果你有幸去古巴旅行，你会想品尝一下这些品牌中的一些朗姆酒。

所以，轻松地坐下来，在白兰地杯或威士忌杯里倒入两指深的陈酿古巴朗姆酒，当你开始沉醉于那支古巴雪茄时，把它放在你的旁边。

这里有一些很棒的古巴朗姆酒，你可以去找找看。

★ 两种独具特色的罕见古巴陈酿朗姆酒 ★

爱德蒙·唐泰斯25年特级珍藏朗姆酒
（Ron Edmundo Dantes 25 Year Old Gran Reserva）

爱德蒙·唐泰斯是如今质量最高的朗姆酒品牌之一，品牌名称来自大仲马（Alexander Dumas）的著名小说《基督山伯爵》（*The Count of Monte Cristo*）。这款久负盛名的古巴朗姆酒产自古巴的圣地亚哥（Santiago）。他们每年只生产3000瓶，包括两种产品：15年陈酿和25年陈酿。25年陈酿朗姆酒色泽金黄，因带有强烈香草味的醇和口感而闻名。其瓶身用24k黄金装饰。时尚的

包装无疑会让人想到蒙特克里斯托的同名品牌雪茄。但是，不要弄混了。这是世界上最受欢迎的朗姆酒之一，不要把它与蒙特克里斯托朗姆酒相混淆，那是危地马拉生产的。这种酒很贵，并且是最难买到的酒之一。

哈瓦那俱乐部马克西莫特级陈酿
（Havana Club Maximo Extra Añejo）

哈瓦那俱乐部由阿雷查巴拉（Arechabala）家族于1878年在古巴卡德纳斯（Cardenas）建立。1934年，他们创设了哈瓦那俱乐部品牌。哈瓦那俱乐部是古巴最大的朗姆酒生产商。作为保乐力加（Pernod

Ricard）的伞形品牌，哈瓦那俱乐部是全球第五大朗姆酒品牌。这家酒厂现在每年生产近400万箱酒。马克西莫特级陈酿是一种非指定年份朗姆酒，但它是用一系列在橡木桶中陈酿的老朗姆酒混合而成的。它位列世界上最昂贵的朗姆酒之中。橡木、烟熏、香草、焦糖的味道与干核果的香味交织在一起扑鼻而来，还有黑巧克力的味道。回味辛辣。棒极了。

爱德蒙·唐泰斯 15 年陈酿朗姆酒
(Ron Edmundo Dantes 15 Añejo)

由著名的小批量、高质量生产商爱德蒙·唐泰斯朗姆酒厂生产，15 年特级陈酿比著名的 25 年瓶装姊妹版容易买到。醇和，雅致，带着香草、核果的味道，还有一些烟草味。迷人。

哈瓦那俱乐部大师精选三桶陈酿朗姆酒
(Havana Club Selección De Maestros Triple Barrel Aged Rum)

这是哈瓦那俱乐部的古巴原桶（Barrel Proof）版。它比其他较便宜的品类的度数高 45%。这是由才华横溢的唐何塞·纳瓦罗（Don Jose Navarro）领导的古巴朗姆酒大师公会（Maestros Roneros Guild of Cuba）与哈瓦那俱乐部合作的非凡成果。

桶装酒由公会大师从公司最好的陈年库存中手工挑选。大师所挑选的朗姆酒是在特殊的橡木桶中酿成的，使用这些橡木桶是因为它们具有芳香性能。这是一款大受欢迎、令人赞叹的朗姆酒，带有蜂蜜和杏子味，可以提升力量！卓越。

瓦拉德罗 15 年陈酿朗姆酒
(Ron Varadero Añejo 15 Años)

瓦拉德罗是 1862 年在西班牙王室的支持下成立的。这个名字来自古巴北部的一个小镇。瓦拉德罗是古巴第二大朗姆酒生产商，仅次于哈瓦那俱乐部。这款金色朗姆酒是美国白橡木桶 15 年陈酿，闻起来有很大的香草、红糖和无花果味。它的回味出色、强烈、持久。非常珍贵。

哈瓦那俱乐部 15 年特级珍藏
(Havana Club Gran Reserva Añejo 15 Años)

这款朗姆酒是通过不断混合精选陈酿朗姆酒和次白兰地酒（aguardiente）制成的。其中许多装在老橡木桶里。闻起来有少许出色的香草和干核果味，还有一些蜂蜜的味道。最后还会品出带有可爱香草味的烤面包味。古巴最好的陈酿朗姆酒之一。

库贝 10 年陈酿朗姆酒
(Ron Cubay 10 Year Old)

库贝于 1964 年在比亚·克拉拉省（Villa Clara）的圣多明各（Santa Dominco）成立，它常被称为"中心之味"（The Taste of the Center）。这个品牌原本只供本地消费，但它的声誉飞速提升，最终在 2010 年进入国际市场。这款朗姆酒在桶中陈酿 10 年，口感极其醇和，具有很棒的特性和风味。闻起来有蜂蜜、红糖、香草以及一点杏子的味道。可以品尝出焦糖和香草味。回味不甜，香草味持久。

慕兰潭 15 年陈酿朗姆酒
(Ron Mulata 15 Year Old)

慕兰潭是特克诺阿祖卡公司（Tecnoazucar）生产的七款产品之一。这是一款很棒的古巴朗姆酒，是用在 180 升美国橡木桶中发酵的 15 年陈酿朗姆酒混合而成的。这是一种精工制作的非常卓越的朗姆酒。具有可爱的香草和核果味。非常复杂。

古巴圣地亚哥 12 年陈酿朗姆酒
(Ron Santiago De Cuba 12 Year Old)

这款 12 年陈酿朗姆酒产自古巴圣地亚哥。它在橡木桶中陈酿，色泽较深，具有香草、橡木和其他辛辣味，还有一点黑巧克力、焦糖、烟草和红糖味。这款朗姆酒色深，口感醇厚，颇受好评，赢得了好奇的品酒者的喜爱。精妙。复杂。

维基亚 18 年特级珍藏朗姆酒
(Ron Vigia Gran Reserva 18 Años)

这是一款采用经典陈年精华制作的朗姆酒，在橡木桶中陈酿 18 年。但不同之处在于，维基亚朗姆酒不是用糖蜜，而是用糖浆酿制的。根据一些权威人士的说法，采用糖浆显然可以生产出风格较轻淡的陈年朗姆酒。不过，专家们认为，这种陈年朗姆酒值得一试，是一种非常好的入门酒。带有花香以及一点核果和香草的味道。

嘿！那是来自英国和法国的古巴朗姆酒吗？

几家欧洲酿酒公司将古巴朗姆酒拿来进行陈酿、装瓶，然后投放市场。这里是其中一些高端、高品质的朗姆酒。

圣斯皮里图斯 14 年陈酿

（Sancti Spiritus 14 Year Old）

这是由英国威士忌生产商邓肯·泰勒（Duncan Taylor）装瓶的朗姆酒。这款 14 年陈酿朗姆酒是在橡木桶中陈酿的，但它与众不同——圣斯皮里图斯是世界上唯一一种单桶陈酿的朗姆酒。瓶装限量非常少，不到 250 瓶。非常珍稀的陈酿朗姆酒。非常珍贵。

圣斯皮里图斯 14 年陈酿

（Sancti Spiritus 14 Year Old）

这是来自圣斯皮里图斯酿酒公司的橡木桶陈酿古巴朗姆酒。它由创立于 1842 年、苏格兰最古老的独立装瓶商凯德汉（WM Cadenhead）装瓶。这款开桶装瓶（cask-strength）的朗姆酒色泽金黄，以核果和香草味为特征。卓越。

印度公司古巴 16 年陈酿

（La Compagnie des Indes Cuba 16 Year Old Vintage）

印度公司是一家由弗洛伦特·贝切特（Florent Beuchet）创立的法国公司，其家族拥有埃米尔·佩诺苦艾酒厂（Emile Pernot Absinthe Distillery）。贝切特

将来自加勒比海地区的朗姆酒用不同的方法混合，制成高端、高质量的朗姆酒并装瓶。他还将许多特定年份的古巴朗姆酒装瓶。它们的特色是非常精致，许多朗姆酒迷的评价都令人难以置信。他的任何一瓶古巴朗姆酒都值得买来品尝。

更容易买到的陈酿朗姆酒

哈瓦那俱乐部 5 年陈酿精选（Havana Club 5 Añejo Especial）

哈瓦那俱乐部 7 年陈酿（Havana Club Añejo 7）

瓦拉德罗 7 年陈酿朗姆酒（Ron Varadero Añejo 7 Años）

慕兰潭 7 年陈酿朗姆酒（Ron Mulata Añejo 7 Year Old）

百加得和古巴

在现代，百加得是第一种也是最著名的行销全球的朗姆酒。虽然它已不在古巴生产，但如果没有它，古巴朗姆酒的历史就不完整。百加得有限公司是目前世界上最著名的烈酒品牌之一——也是最大的家族所有私营烈酒公司之一。这个品牌因生产的百加得白朗姆酒而出名。

1830 年，出生于西班牙的酒商唐法昆多·百加得·马索（Don Facundo Bacardí Massó）移居古巴。在那时候，朗姆酒并不是一种精制饮品，通常低标准制作，供应当地消费。是法昆多开始将生产过程系统化，他培育了一种专用的酵母菌株，用来生产提炼朗姆酒的基础产品。在白橡木桶中陈酿朗姆酒，使最终产品更加醇厚，也被认为是法昆多开创的。他就是这样造出了世界上第一种纯净的或说"白色的"朗姆酒。

1862 年，法昆多和他的兄弟何塞在古巴的圣地亚哥建立了这家酿酒厂。很快，蝙蝠就在工厂深处安家落户，于是识别度很高的蝙蝠标志诞生了。19 世纪末发生了古巴摆脱西班牙统治的独立战争，之后的

1899 年，法昆多的长子埃米利奥·百加得（Emilio Bacardi）被美国将军伦纳德·伍德（Leonard Wood）任命为圣地亚哥市长。埃米利奥曾是自由古巴运动的领导人。然而，在卡斯特罗革命之后，百加得家族逃离古巴，自此百加得朗姆酒就在其他地方生产了。但是，标签上仍然写着："公司1862 年成立于古巴圣地亚哥。"

朗姆酒在古巴崛起的最著名的标志是百加得大厦，至今它仍被认为是古巴建筑的最高成就之一。随着公司变得更加国际化，并在世界各处设立了办事处，1930 年，一个与其世界地位相称的新的总部建成了，当时家族第三代已经接手业务。高管们"标榜古巴是朗姆酒之乡，百加得是朗姆酒之王"。总部现在依然存在，并被称为"朗姆酒大教堂"（Cathedral of Rum）。哈瓦那的百加得大厦被认为是拉丁美洲最好的装饰艺术派建筑之一。

——卡洛·德维托（Carlo DeVito）

海明威坐在瞭望田庄（Finca Vigia）的泳池边，这是他位于古巴圣弗朗西斯科·德·保拉（San Francisco de Paula）的家（波士顿，肯尼迪总统图书馆暨博物馆，欧内斯特·海明威资料集）

✦ 海明威在古巴 ✦

欧内斯特·米勒·海明威（Ernest Miller Hemingway）是 20 世纪美国最著名的长篇小说家、短篇小说家和新闻记者之一。他简洁的散文风格影响了几代作家。他是一个游历广泛的知名户外运动家，也是 20 世纪最著名的文学名人之一。他的小说包括《太阳照常升起》（*The Sun Also Rises*）（1926）、《永别了，武器》（*A Farewell to Arms*）（1929）、《丧钟为谁而鸣》（*For Whom the Bells Tolls*）（1940）和《老人与海》（*The Old Man and the Sea*）（1952）。他的短篇小说包括《乞力马扎罗的雪》（*The Snows of Kilimanjaro*）、《杀手》（*The Killers*）、《干净明亮的地方》（*A Clean Well-Lighted Place*）以及其他许多。1954 年他获得诺贝尔文学奖。

从 1939 年年中到 1960 年，海明威住在古巴圣弗朗西斯科·德·保拉的一个种植园里，他称其为"瞭望田庄"。一开始是租的。1940 年 12 月，在与第三任妻子、记者玛莎·盖尔霍恩（Martha Gelhorn）结婚后，他花 12500 美元彻底买下了这个占地 15 英亩的小农场以及房子。

在瞭望田庄居住期间，海明威写出了他著名的西班牙内战小说《丧钟为谁而鸣》。《老人与海》也是在这里写的。

海明威是古巴最具国际知名度的居民之一。大家都知道，他常在许多酒吧里喝到很晚。尤其令古巴人民喜爱的是，即使在 1959 年初的古巴革命战争之后，海明威仍与古巴政府保持着良好的关系，并一直住到 1960 年，即卡斯特罗掌权后一年，海明威自杀前一年。1960 年，海明威还在当地居住的时候，曾向赢得钓鱼比赛的菲德尔·卡斯特罗颁发奖杯，这个比赛以海明威的名字命名。

1961 年 7 月 2 日，海明威在爱达荷州自杀，之后这座房子成为古巴人民的财产。

这些年来，瞭望田庄逐渐荒败，虽然它仍是古巴现代历史上一个受人欢迎的符号。但古巴政府在 2007 年翻新了这座庄园。在古巴，海明威仍然是一个受欢迎的偶像。他是古巴人生活和饮品的拥护者，因而久负盛名。

"如果你想了解一种文化，不用理会那些教堂、政府大楼或城市广场，"海明威曾经写道，"去当地的酒吧过一夜吧。"

海明威喜欢喝莫吉托和代基里酒。他的那句话至今还能在著名的五分钱酒吧（La Bodeguita del Medio）里找到，那是他自己刻上去的。海明威第一次喝莫吉托就在那家酒吧。"我在五分钱酒吧喝莫吉托，在佛罗里达（El Floridita）酒吧喝代基里酒。"

正宗的莫吉托通常用古巴朗姆酒、酸橙汁、薄荷叶和一点苏打水制成。但在五分钱酒吧，海明威有专属的制法，用起泡酒代替苏打水。

海明威的莫吉托

1 个酸橙

2 茶匙天然蔗糖

5 片新鲜薄荷叶

1.5 盎司古巴朗姆酒

3 盎司起泡酒

1. 把酸橙榨汁。

2. 然后将果汁、糖和薄荷叶放入加了冰块的鸡尾酒杯里。

3. 混合薄荷叶。

4. 加入朗姆酒和起泡酒，慢慢搅拌。

5. 用酸橙条装饰。

　　海明威最喜欢喝代基里酒的古巴酒吧叫作佛罗里达。它以制作的海明威代基里酒而闻名，这种酒在酒吧里又被称为"老爹双份"（Papa Double）（译者注：Papa 是古巴人对海明威的昵称）。实际这是双份的海明威版代基里酒。

老爹双份

1 个酸橙

半个西柚

冰

3.5 量杯百加得白朗姆酒

0.5 盎司樱桃利口酒（Maraschino liqueur）

1. 将酸橙和西柚榨汁，放入玻璃杯中。

2. 将刨冰、朗姆酒、利口酒和果汁放进搅拌器里。

3. 高速搅拌至起泡。

4. 倒入一个大玻璃杯。

5. 用酸橙装饰。

自由古巴（Cuba Libre）

　　"自由古巴"是美国人发明的，在美西战争及之后的占领期间，他们带着可口可乐来到古巴探险。这是属于他们的开波酒（highball）。"Cuba Libre"一词的意思是自由古巴（Free Cuba），是 20 世纪初为宣传古巴摆脱西班牙的殖民枷锁而创造的。从那以后，朗姆酒和可乐饮品一直受到人们喜爱。

1 个酸橙

1 杯朗姆酒

12 盎司可乐

　　1. 将酸橙汁挤入一个装着冰块的汤姆·柯林斯杯（Tom Collins glass）中。

　　2. 加入朗姆酒。

　　3. 倒入足够的可乐，填满杯子。

　　4. 用酸橙条装饰。

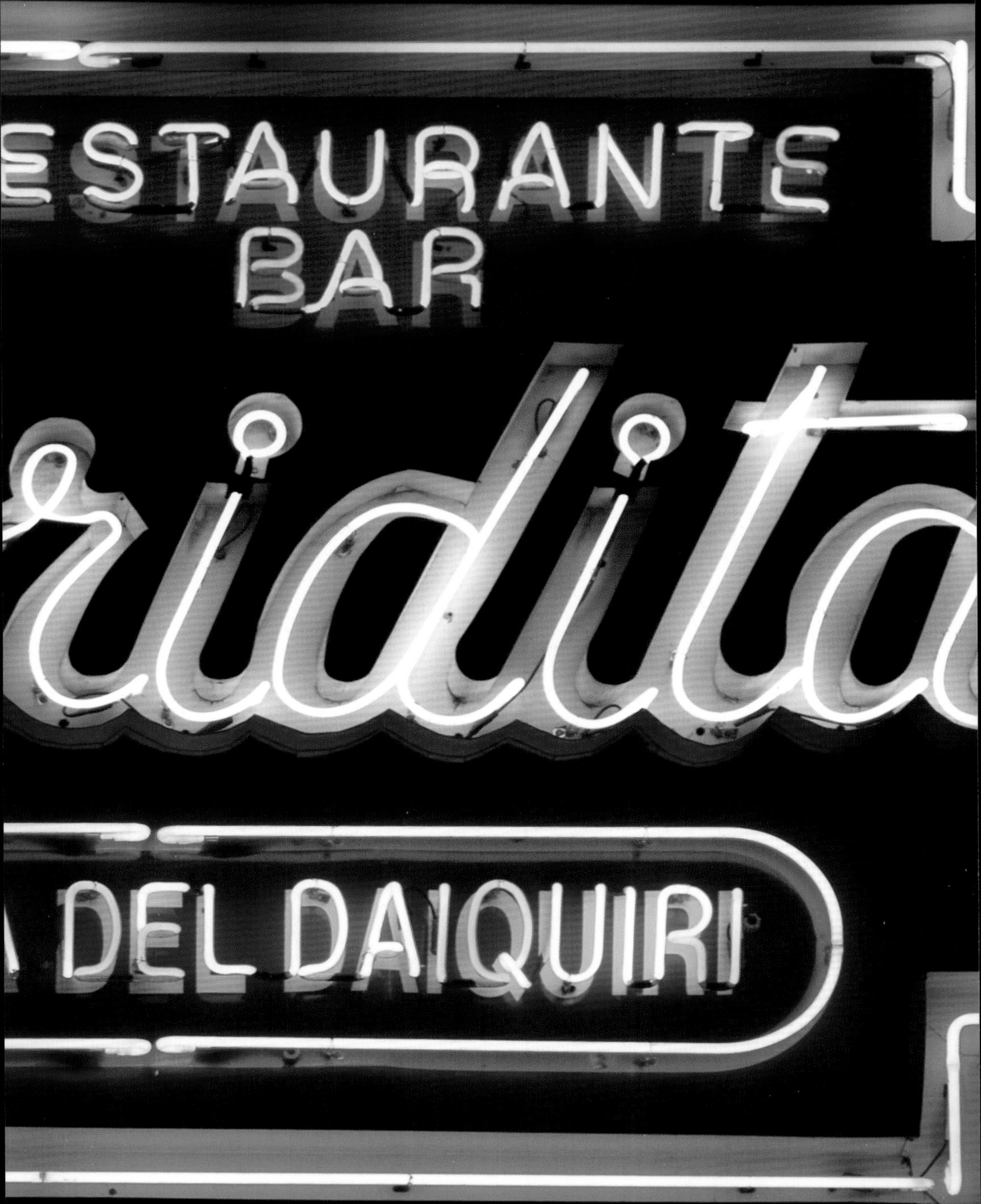
ESTAURANTE
BAR
DEL DAIQUIRI

古巴雪茄生产商名录

玻利瓦尔
（Bolívar）

强度：浓郁

古巴的玻利瓦尔雪茄由何塞·F. 罗恰（José F. Rocha）于 1902 年创立，被雪茄迷誉为世界上最有影响、最大胆、最醇厚的雪茄之一。这款雪茄以西蒙·玻利瓦尔（Simón Bolívar）的名字命名，他是 19 世纪一位令人敬畏的政治和军事领袖，帮助许多南美国家独立，结束了西班牙君主制下的大部分殖民统治。

那么，作为主要的出口品牌，玻利瓦尔是何时、怎样在全球范围内流行起来的呢？ 1954 年罗恰去世后，公司连同公司的冠名权一起被收购。新的所有者西富恩特斯公司（Cifuentes y Cia）将生产转移到世界闻名的哈瓦那帕塔加斯工厂（Partagás Factory）。现在工厂被重新命名为弗朗西斯科·佩雷斯·杰尔曼工厂（Francisco Pérez Germán Factory），而且迁移到了一个新的地点。

雪茄

- Belicosos Finos
- Coronas Gigantes
- Coronas Junior
- Petit Coronas
- Royal Coronas
- Tubos No.1 Tubos
- Tubos No.2 Tubos
- Tubos No.3 Tubos

MADE IN HAVANA, CUBA

★ 玻利瓦尔超级皇冠 2014 限量版 ★
（Bolívar Super Coronas Edicion Limitada 2014）

　　这是我试吸过的三款 2014 限量版中的最后一款，我不得不说，2014 年就算不是限量版销售最好的年头，也是其中之一，这款玻利瓦尔雪茄也不例外。2014 年在哈瓦那的时候，我希望能找到这款以及另外两款雪茄，但是都没有发现。回来后发现，你可以在世界上任何地方买到它们，包括在加拿大。当然，不会是古巴的售价。

　　这款雪茄的尺寸为 48×140（5.5 英寸），因此是大皇冠规格。它是 2014 年底上市的（具体时间取决于你住在哪里），每盒 25 支。

　　这款雪茄采用深色茄衣，包括茄帽在内，整支都有点凹凸不平。它摸起来坚硬，但有几个软点。点燃之前抽吸，让我觉得有淡淡的雪松木味，点燃之后抽起来棒极了。一旦点燃，就有很明显的木头和泥土味，隐约还有巧克力味。一开始我必须要说，它看起来会是一支很妙的烟。抽到一英寸时，燃烧有点过头，证明这是强度适中到浓郁的烟。

　　快抽到一半时我轻轻弹了弹烟灰，以免它掉到朋友的地板上，结果

半英寸之后烟灰却自己掉了下来（这很奇怪）。到目前为止，这支雪茄很棒，很有玻利瓦尔式风味。这些雪茄品牌的地区版和限量版，大多数都不采用它们通常所用的具有特色的混制配方。

在到达一半之前，燃烧线自己变直了；但是超过一半之后，它又开始偏离，所以我做了补燃。它几乎一直保持着这种风味，偶尔还会有烘焙咖啡豆和黑巧克力的味道。

在最后的四分之一，它变得有点苦而且更浓；有一次我弹了弹烟灰，因为我可以看到中间部分燃烧得更热。后来它熄灭了，我重新将其点燃。我仍然可以抽吸，直到拿不住为止。最后一段让我吃惊——我原以为重新点燃后它会变更苦，但是风味还是一样的。这对如此新的雪茄来说真是不可思议。

总之，我要给自己买一些，我也会向你推荐。尽管他们声称这种雪茄所用的烟叶已经陈化两年（这让它稍微宜人），它仍然需要一段时间来陈化。几年之后，这将会是一款很卓越的烟。

——M.S.

高希霸
（Cohiba）

强度：适中

　　古巴的高希霸以身为菲德尔·卡斯特罗的首选雪茄而广为人知，因采用古巴最好的雪茄烟叶制成而享有盛誉。1966年，这款雪茄作为哈瓦那第一品牌被推向世界，并一直是奢华和高雅品位的象征。事情的起因是，菲德尔·卡斯特罗的一名保镖分享了他私人收藏的雪茄，这些雪茄是当地工匠爱德华多·里贝拉（Eduardo Rivera）为他手工卷制的。卡斯特罗抽后非常满意，因此安排以这种没有品牌的烟草配方进行特别生产。这些雪茄是在最严格地确保卡斯特罗（他现在已经有十多年没有吸烟了）和其他政府高级官员的安全的前提下生产的。

　　"高希霸"由泰诺族印第安语中"烟草"一词衍生而来。然而，高希霸在制作雪茄时对于烟草的选择非常审慎。它们是从位于比那尔·德·里奥省布埃尔塔·阿瓦霍地区的圣路易斯和圣胡安与马丁内斯运来的，具体来说，高希霸烟叶必须采收自其中的一流烟田（Vegas Finas de Primera）（其位置高希霸不予公开）。举例来说，在1992年，700英亩的区域中只有10块烟田被选中用于高希霸雪茄的制作。

　　"在高希霸独特的黑黄相间的茄标成为富豪统治集团的标志之前，它是古巴革命精英们的最爱……很快，由于切·格瓦拉（Che Guevara）宣称他从未抽过比这更好的烟，这些长而优雅的雪茄就像他的胡子和军装一样，成了革命形象的一部分。"

——《新闻周刊》

COHIBA

Habana, Cuba

COHIBA

ESTE PRODUCTO
PUEDE SER DAÑINO
PARA SU SALUD Y
CREA ADICCION.

MINSAP

★ 高希霸罗布图 2014 特级限量版 ★

（Cohiba Robustos Supremos Edicion Limitada 2014）

在这些雪茄上市前几个月，我曾经抽到过一支（未上茄标），并且真的很喜欢它。为了这篇评论而抽的这支是一位朋友送的，我是抱着渴望抽吸的。事实上我更喜欢那支没上茄标的，它更新鲜。为这篇评论而抽的这支正在经历某种变化，它无疑要经过一段时间才适合抽吸。

这支雪茄的尺寸为 58×127（5 英寸），被认为是罗布图规格。它的油性、有些斑驳的茄衣是深色的，表面凹凸不平。剪开并点燃，抽吸起来不错，带着木头和巧克力的风味，并有一丝花香。它跟我抽过的更新鲜的那支很不一样，原初的风味已经稳定下来，但我敢断言，这些雪茄在适合抽吸之前还会经历更多变化。

就在刚开始时，燃烧就开始偏移，而且这种情况几乎贯穿了整个抽吸过程。在不到一英寸处，木头的味道压过了所有其他风味，少许的花香也消失了。在一英寸处，变得泥土味很明显，木头的味道退居其次。至此，它是一支中度到浓郁强度的雪茄。

抽到三分之一处，燃烧状况变得更糟糕，并且讨厌的花香再次出现了。快到一半时，烟灰还附在雪茄上。我在不扰动烟灰的情况下取下一根茄标，但在燃烧到大约一半时，烟灰自己掉了下来。我开始品味到一些类似马杜罗的风味，泥土味，带着隐约的花香。此时这支烟是浓郁强度。我取下第二个茄标，燃烧状况是如此糟糕，以至于我需要做一次补燃。雪茄的风味非常浓郁，而且越来越强。到最后三分之一处的时候，这支雪茄对我来说已经变得不能抽吸了。

正如我所说，这支雪茄需要搁置一段时间——它只会随着陈化的进行而变得更好。它们值得购买，如果你还能找到它们的话。

　　这家公司最初是哈瓦那郊外的一所豪宅，名为埃尔·拉吉托工厂，所有的高希霸雪茄都是在那里生产的。1961 年，那里建立了一所女子卷烟学校，后来变成了高希霸品牌的发源地。高希霸雪茄拥有醇和的口感，这要归功于独一无二的（在古巴雪茄品牌中）第三次发酵程序，那是在工厂的木桶中进行的。

　　在古巴烟草市场局——古巴烟草公司的指导下，高希霸品牌于1968 年被正式推出。古巴烟草公司要求埃尔·拉吉托工厂的负责人阿韦利诺·拉腊（Avelino Lara）创造一种新的顶级混制配方。一开始，高希霸雪茄每年只生产几千箱。

　　高希霸被当作外交礼物，此后声名鹊起。最终，该品牌受到雪茄迷们的狂热崇拜，但直到 1982 年它才开始面向大众进行商业销售。1992 年，古巴出口了大约 6000 万支雪茄，其中大约 340 万支是高希霸。

特别出品

　　1992 年，哈伯纳斯公司推出了高希霸领雅 1942（Cohiba Línea 1492），以纪念克里斯托弗·哥伦布及其 1492 年抵达美洲的那次航行。每种雪茄都以美洲发现之后的几个世纪命名，而且型号不同。最初推出的包括 I 世纪（Siglo I）、II 世纪、III 世纪、IV 世纪和 V 世纪，2002 年推出了 VI 世纪。

　　在一年一度的哈伯纳斯节以及品牌周年纪念日，高希霸会提供限量发行的雪茄。此外还有一年一度的限量版雪茄。相对较新的（2007 年）是马杜罗 5。这种马杜罗茄衣的高希霸雪茄有三个型号可供选择。

雪茄

- Behike BHK 52
- Behike BHK 54
- Behike BHK 56
- Coronas Especiales
- Espléndidos
- Exquisitos
- Genios Maduro 5

- Lanceros
- Magicos Maduro 5
- Panetelas
- Piramides Extra
- Robustos
- Secretos Maduro 5
- Siglo Ⅰ

- Siglo Ⅱ
- Siglo Ⅲ
- Siglo Ⅳ
- Siglo Ⅴ
- Siglo Ⅵ

库阿巴
（Cuaba）

强度：适中到浓郁

1996 年 11 月，在伦敦克拉里奇酒店（Claridge's Hotel）满是衣冠楚楚的狂欢者的舞厅里，哈伯纳斯总裁弗朗西斯科·利纳雷斯（Francisco Linares）推出了库阿巴这一品牌。这一系列是复兴异形雪茄的一次尝试，这种不规则形状的雪茄生产难度较大，但是具有独特的品质，在 20 世纪初它很受欢迎，但在 20 世纪 30 年代时开始式微。这是一个完美的雪茄类型，长度和规格都很均衡。

在发布式上，该品牌的创始人卡洛斯·伊斯基耶多·冈萨雷斯（Carlos Izquierdo González）和一组十二名左右的技术精湛的卷制工（torcedore）在受邀嘉宾和媒体面前手工卷制这款异形雪茄。最初推出时，库阿巴雪茄是手工制作、不用压力器的，因此，最早的库阿巴雪茄，即使是装在同一个雪茄盒里的，大小也不相同，就像历史上的异形雪茄那样。一年后，使雪茄大小和形状大致标准化的模具被创造出来，最早的库阿巴雪茄成了收藏家的珍品。

即使有模具，库阿巴仍然是形状不规则的雪茄。它们两端都是尖头，这种样式曾使哈瓦那雪茄在 19 世纪末享誉世界。

这种雪茄只有七级卷制工才能制作。所采用的混制配方以蒙特克里斯托雪茄的风味为目标。使用的烟草来自布埃尔塔·阿瓦霍（比那尔·德·里奥）。

雪茄

- Distinguidos
- Exclusivos
- Salomónes
- Divinos

✦ 停产品牌 ✦

革命战争前后，古巴有许多品牌停产，一直到现在。下面是一份简短且很可能并不完整的名录，它们是可以通过一系列记录确认的（译者注：原书无此内容）。革命之后创立的品牌包括：卡巴纳斯（Cabañas）、卡尼（Caney）、西富恩特斯（Cifuentes）、大卫杜夫（Davidoff）、登喜路（Dunhill）、吉斯伯特（Gispert）、皇冠（La Corona）、高雅（La Escepción）、卡尼之花（La Flor del Caney）、劳斯登徒（Los Statos de Luxe）、玛丽亚·格雷罗（María Guerrero）和锡沃内（Siboney）。

一些网站列出了在革命战争前因各种各样的原因而停产的品牌。有超过 1700 家注册雪茄制造商的品牌已经没有动静或停产。

✦ 大卫杜夫：停产品牌中的顶级收藏品 ✦

大卫杜夫品牌的古巴雪茄醇和而珍贵，仅在 1968 至 1992 年生产。一些古巴大卫杜夫雪茄如今可以见于一些私人收藏，但被收藏家们牢牢把持着。

虽然大卫杜夫这个名姓在雪茄行业已有一个多世纪的知名度，但其古巴品牌还是一个相对较新的经营项目。大卫杜夫是世界上最成功的雪茄店之一。1967 年，卡斯特罗政府为监管古巴雪茄产业而创建的古巴国有烟草集团——古巴烟草公司为了监督古巴雪茄行业，与季诺·大卫杜夫及其管理层接洽，希望专门为他的商店生产一系列雪茄，并以他的名字命名。第一款雪茄于次年上市。

那个时候，卡斯特罗的私人雪茄高希霸也出现了，它们是在哈瓦那的新埃尔·拉吉托雪茄工厂生产的。大卫杜夫雪茄也是在那里手工卷制的。最早推出的雪茄包括 1 号、2 号和大使夫人（Ambassadrice）（它们的型号与早期的高希霸系列相同）以及庄园系列（Châteaux Series）。

20 世纪 70 年代又增加了两个系列，即较柔和的"千"系列（Mille Series）和向举世闻名的香槟致敬的唐培里侬（Dom Pérignon）系列。为了庆祝季诺的 80 岁生日，1986 年推出了一个新的"周年纪念"（Anniversarios）系列。

1906 年 3 月 11 日，季诺·大卫杜夫出生于乌克兰的诺夫哥罗德 - 谢韦尔斯基（Novhorod-Siverskyi）。他的父亲亨利·大卫杜夫是基辅的一个成功的烟草商人。1911 年，长子季诺跟他的父母和一半家人逃离俄国，移居瑞士日内瓦。1912 年，亨利在那里又开了一家雪茄店。为了更多地了解烟草贸易，季诺去了阿根廷、巴西，最后在 1924 年去了古巴。他在古巴待了两年，在一个种植园里工作。六年后，他回到日内瓦，接管了父亲的生意。

二战期间，瑞士作为中立国幸免于战争的破坏，成为欧洲富人的避风港。这给小烟草商带来了繁荣。季诺大大扩展了商店的产品和业务。

在此期间，苏黎世雪茄经销商 A. 杜尔公司（A. Durr Co.）受波尔多葡萄酒的启发，成功推出了好友蒙特雷品牌的庄园系列古巴雪茄。季诺帮助这个品牌获得了巨大的成功。季诺也成为成功的作家，出版了几本关于古巴雪茄的书。大约在这一时间，他可能发明了第一个桌面雪茄盒。

到季诺把他在日内瓦的商店卖给马克斯·奥廷格公司（Max Oettinger Company）时，它已经被认为是世界上首屈一指的雪茄店。奥廷格公司成立于 1875 年，是欧洲最早的古巴雪茄进口商之一，主导着法国、德国和瑞士的市场。1970 年，奥廷格公司为收购大卫杜夫的雪茄店，支付了当时闻所未闻的 100 万美元。季诺一直作为代言人和品牌大使代表着大卫杜夫，直到他于 1994 年以 87 岁之龄去世。

1992 年 12 月，大卫杜夫停止销售哈瓦那大卫杜夫雪茄；此前，在 1991 年 12 月的报刊中，大卫杜夫和古巴烟草公司宣布："大卫杜夫雪茄不再继续在古巴生产或使用古巴烟草，只有库存大卫杜夫哈瓦那能够销售，且无论如何都将于 1992 年底截止。"

雪茄

含古巴大卫杜夫系列在内的雪茄包括：

No.1

No.2

Ambassadrice

Tubo

Dom Pérignon

庄园系列

Château Haut-Brion

Château Lafite

Château Lafite-Rothschild

Château Latour

Château Margaux

Château Mouton Rothschild

Château Yquem

"千"系列

1000

2000

3000

4000

5000

外交官

（Diplomaticos）

强度：柔和

　　外交官雪茄发布于 1966 年，是革命战争之后发布的第一个面向国内和国际公众的古巴雪茄品牌。高希霸是革命战争之后创设的第一个雪茄品牌，但仅供卡斯特罗个人消费以及作为外交礼物。

　　外交官雪茄的最初理念是提供"等价的"蒙特克里斯托。外交官品牌是专门销售给法国雪茄消费者的。就像蒙特克里斯托系列，外交官也有五种编号的手工制作型号。在外交官雪茄推出 10 年后的 1976 年，其产品线中又增加了 6 号和 7 号，它们仿效的是蒙特克里斯托特级 1 号和特级 2 号。然而，20 世纪 80 年代中期，它们被淘汰了。

　　外交官系列是在何塞·马蒂工厂生产的，几乎所有的蒙特克里斯托雪茄也都在那里生产。这家工厂现在已不复存在。蒙特克里斯托和外交官是用类似的混合烟草制成的。然而，外交官的价格本就更实惠，而且口味较为柔和。

雪茄

■ No.2

DIPLOMATICOS HABANA

CIGARS · CIGARES

★ 外交官小罗布图 2012 西班牙地区版 ★
(Diplomaticos Petit Robusto Edicion Regional Espana 2012)

我喜欢这个尺寸，50×102（4英寸），环径和长度都只比小埃德蒙（Petit Edmundo）小一点点。2012年，共有带编号的 5000 盒 10 支装雪茄上市。我认识的很多人都买了这种雪茄，其中一位送了我几支。如果你没有足够的时间，或者想在一段时间内抽几支（就像我这样），这是一种很合适的雪茄。这支雪茄摸起来很硬，结构完美，茄帽有点凹凸不平。点燃之前抽吸，有很大的雪松木味，点燃之后，抽起来有点紧实（firm），但不算太坏。我品出了一点泥土、木材的味道，还有一丝花香。燃烧看起来像要偏移，但抽过开始的半英寸之后就自行恢复了。

我尝到了更多的泥土味而不是木头味，这给了我这样的印象，它整体上有点像常规生产的外交官雪茄，而那非常适合我的口味。他们制作的外交官雪茄规格不够多，但我猜这是因为像我们这样购买的人不够多……供给和需求不平衡造成的。抽吸让我感到有一点点阻力，但这只不过意味着我要放慢抽吸的速度，以免雪茄过热。

抽到四分之一处时，燃烧偏移了，雪茄散发着泥土味和霉味，而且越来越浓烈。到一半的时候，烟灰自行掉落，而且如你所知，花香仍然存在。我不喜欢花的味道。风味事实上没有太大变化，到一半时它表现为一支强度适中的雪茄。燃烧仍然偏移，我无法忍受，在接近最后四分之一处时，我用打火机补燃了一下。最后它变得难以握持，我不得不把它放下。

这支雪茄我是在一年前的一个周末长假野餐时抽的。我希望能多关注它一些，但说来说去，这并不是一支复杂的雪茄。相当容易抽吸，没有太多的变化。它可以进行一点陈化，我相信一年时间会让这种雪茄产生很大的变化。如果有机会，值得一试。

——M.S.

埃尔·雷伊·德尔·蒙多
（El Rey Del Mundo）

强度：淡到适中

　　这些雪茄被称为"世界之王"是当之无愧的。这个质优价昂的雪茄品牌出现在 1882 年，是安东尼奥·阿隆（Antonio Allones）工厂生产的。

　　哈伯纳斯公司已将埃尔·雷伊·德尔·蒙多确定为一个区域性品牌。它是古巴国内的一个小生产商，市场份额很小。该系列包括淡到适中强度的雪茄。烟草来自优质的布埃尔塔·阿瓦霍地区。1999 年发布了特别出品雪茄，包括 21 世纪雪茄盒（Siglo XXI Humidor）版的埃尔·雷伊·德尔·蒙多雪茄。

雪茄

- Choix Suprême
- Demi Tasse

ESTE PRODUCTO
PUEDE SER DAÑINO
PARA SU SALUD Y
CREA ADICCION.
MINSAP

EL REY DEL MUNDO

MARCA INDEPENDIENTE

Habanos
DENOMINACION DE ORIGEN PROTEGIDA

FABRICA DE TABACOS
REY DEL MUNDO CIGAR CO.
PROVEEDOR DE LA REAL CASA
ESTABLECIDA EN 1848
PADRE VARELA 852

丰塞卡
（Fonseca）

强度：柔和

唐弗朗西斯科·E.丰塞卡（Don Francisco E. Fonseca）以其潇洒而无可挑剔的着装闻名，他创立了以自己的名字命名的雪茄公司。1869年或1870年左右，他出生在古巴的曼萨尼约（Manzanillo）。1892年，丰塞卡在哈瓦那建立了一家工厂，创立了自己的雪茄品牌，并于1907年正式注册。1895年，丰塞卡成为美国公民；1903年，丰塞卡和他的妻子特蕾莎·博蒂彻·德·丰塞卡(Teresa Boetticher de Fonseca)移居纽约。丰塞卡经营着纽约市和哈瓦那的雪茄工厂，他定期往返古巴，经营F.E.丰塞卡烟草和雪茄厂（F. E. Fonseca Fábrica de Tabacos y Cigarros）。这种双重国籍在他的商务文具上得到体现，上面同时印着纽约的自由女神像和哈瓦那的莫罗（Morro）城堡。

西班牙诗人费德里科·加西亚·洛卡（Federico García Lorca）喜欢雪茄。在作品中，他明确提到了丰塞卡品牌。1940年出版的《诗人在纽约》（*Poet in New York*）一书中有一首《他们是古巴的黑人》（"Son de Negros en Cuba"），其中写到了"丰塞卡的金色的头"（la rubia cabeza de Fonseca），以及"罗密欧与朱丽叶的粉红"。

✦ 丰塞卡 4 号 2010 比荷卢地区版 ✦

（Fonseca No.4 Edicion Regional Benelux 2010）

我一直很喜欢丰塞卡的外观，它是用绵纸包裹的。双茄标的那种看起来更好。它们的呈现方式弥补了复杂性的不足。这种规格叫作美丽 4 号（Hermosos No.4），是一个特冠型号，尺寸为 48×127（5 英寸）。这些雪茄共 1600 盒，25 支装，是 2010 年为比利时、荷兰和卢森堡市场制作和发布的。

当我打开雪茄的包装纸时，它看起来不太漂亮。它干而凹凸不平，茄衣是太妃糖色，没有叶脉，上面似乎还残留着一些小块绵纸。雪茄摸起来很硬，几乎没有弹力。然而，点燃之前能闻到很大的雪松味，似乎很有希望。

点燃后抽吸起来很完美。当抽到半英寸时，我看到燃烧已经有点偏移。它有点咸，带有雪松的味道，强度从柔和到适中。到约一英寸的时候，燃烧还是有点偏移，但没过多久就自己变直了。仍是木头味，还带着一

丝坚果味。

在抽到大约一半时，烟灰自己掉落了。它砰的一声掉到地板上。这是一种很好的牢固的烟灰，掉到地板上也没有破碎。此时风味没有太大变化，仍然保持着同样的木头味，带着一丝香草味。这是一种柔和但非常令人愉快的烟，尤其是在我抽吸的当下——早上，还没吃早饭。过了一半，我弹了弹烟灰，因为我觉得中间燃烧得有点热，我是对的。我用打火机补燃了一下，一切都很好。

就这样一直到最后，风味确实没有太大的变化，燃烧有所偏移，有几次需要补燃。抽到最后的四分之一时，我甚至把它放下来稍微冷却一下。我重新将它点燃，它的口感和燃烧情况都很好，我感觉有点强烈，但其他方面仍保持原样。到最后一英寸时，风味变得对我不友好，我把它放了下来。

我很喜欢它，寄雪茄给我的比利时朋友说，在欧洲的价格是 8.90 欧元每支。对于这种雪茄来说，这个价格非常合理。如果能碰到，我会购买的。它们是很容易抽吸的雪茄，而且就像我说的，很适合早晨抽吸。再次感谢，J.M.。

——M.S.

　　丰塞卡是个开创性人物。他以用精美的日本棉纸包裹雪茄而闻名（现在依然如此），他也是最早用金属管包装雪茄的人之一。1929 年，丰塞卡因心脏病在哈瓦那去世。他的妻子特蕾莎继续经营这家公司，直到她最终将此品牌与 T. 卡斯塔内达（T. Castañeda）和 G. 蒙特罗（G. Montero）合并，组成了卡斯塔内达 - 蒙特罗 - 丰塞卡有限公司。

　　革命战争之后直到今天，丰塞卡雪茄仍是一个受全世界欢迎的雪茄品牌，不过在西班牙和加拿大销售最强劲。

雪茄

■ Cosacos　　　　　　■ Delicias　　　　　　■ KDT Cadetes

MADE IN CUBA

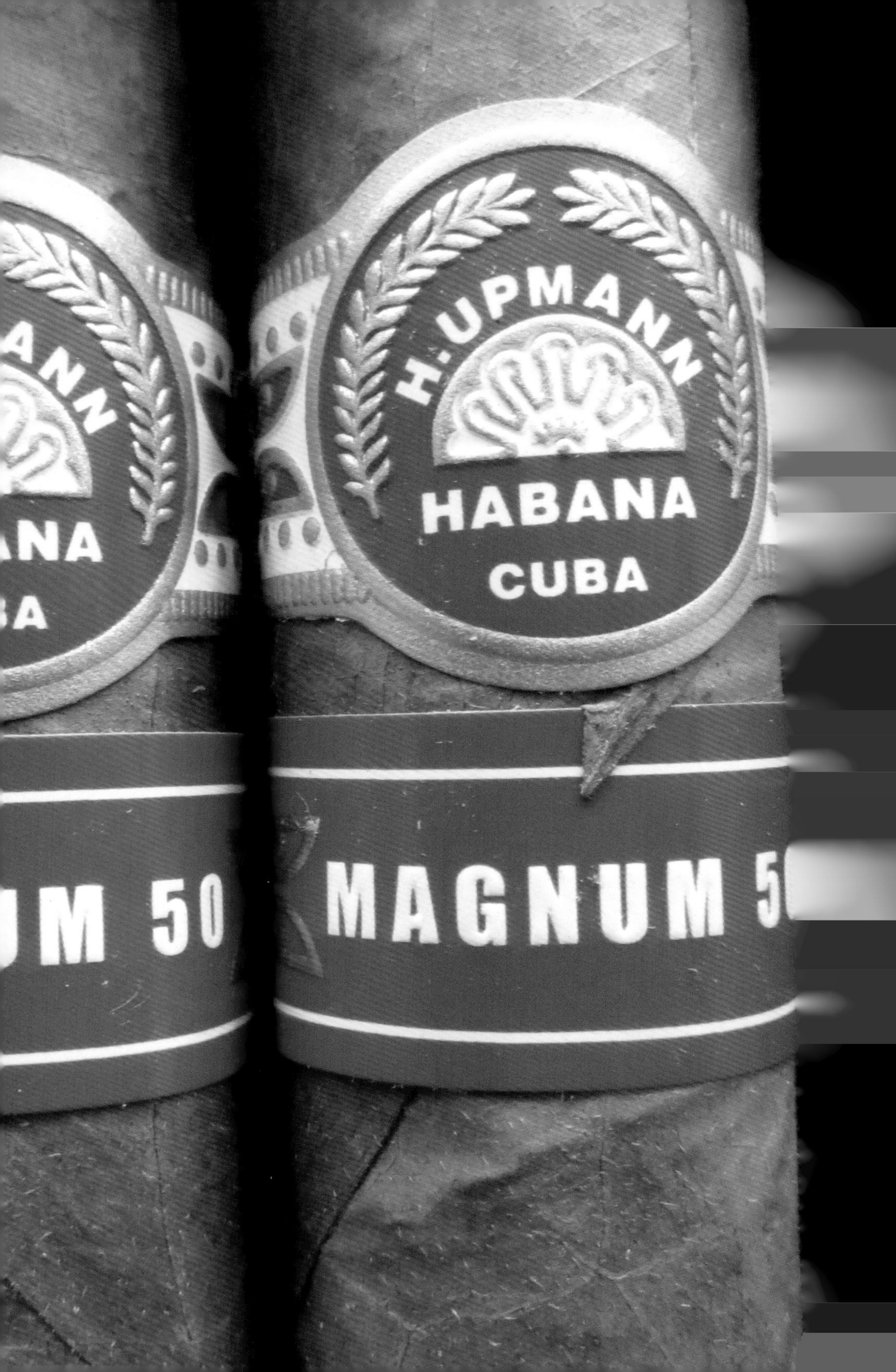
H. UPMANN
HABANA
CUBA
MAGNUM

乌普曼
（H. Upmann）

强度：淡到适中

乌普曼（H. Upmann）是世界上最古老、最负盛名的雪茄品牌之一。该公司可以追溯到 1844 年，当时银行家赫尔曼·乌普曼（Herman Upmann）（和他的兄弟奥古斯特）在哈瓦那建立了一家分公司。这使赫尔曼·乌普曼可以把雪茄运回英国和欧洲大陆。他运回的货物变得很受欢迎，于是他在 1844 年投资了一家雪茄工厂，创立了乌普曼品牌。

赫尔曼·乌普曼是最早用雪松木盒包装雪茄的人之一。乌普曼将此同时作为运输和推广产品的手段。著名的乌普曼工厂位于哈瓦那，现在被称为何塞·马蒂工厂。

乌普曼品牌以质量和工艺闻名，在 20 世纪的各种展览中获得过七枚金牌。它们已经成为公司标志的一部分，这一标志中还包括创始人的签名。

在 20 世纪 20 年代的经济困难时期，乌普曼将银行和雪茄业务出售给 J. 弗兰考公司（J. Frankau & Co.）。弗兰考公司收购了该品牌，并继续生产和销售。1935 年，乌普曼再次易手，被卖给新组建的梅内德斯和加西亚公司（Menendez, García y Cía），它是蒙特克里斯托品牌的生产者。梅内德斯和加西亚公司继续生产乌普曼雪茄，直到 1959 年古巴革命战争，之后烟草业被国有化。

讽刺的是，据说美国总统约翰·肯尼迪（John F. Kennedy）在任期间与古巴发生外交纠纷时，他最喜欢的雪茄是小乌普曼 [现已停产，在美国以"半杯"（Demi Tasse）的名义出售]。在签署古巴禁运令的前一天晚上，肯尼迪指派新闻发言人皮埃尔·塞林杰（Pierre Salinger）把他在华盛顿特区大都会区能找到的每一盒雪茄都买下来。令人惊叹的是，塞林杰为总司令搜罗了 1200 支雪茄。

古巴继续在哈瓦那的原厂生产乌普曼雪茄，仍然使用来自广受赞誉的布埃尔塔·阿瓦霍地区的烟草。

在国际市场上，古巴产乌普曼雪茄仍然令人垂涎。2002 年，阿塔迪斯公司（Altadis S.A.）收购了哈伯纳斯公司的控股权。这一品牌重新焕发活力，较老的样式为更受欢迎的样式所取代。2005 年，哈伯纳斯公司出人意料地开始推出一种新的乌普曼雪茄，作为其年度限量版的一部分。

雪茄

- Connoisseur No.1
- Coronas Junior
- Coronas Major
- Coronas Minor
- Epicures
- Half Corona
- Magnum 46
- Magnum 50
- Majestic
- Petit Coronas
- Regalias
- Sir Winston
- Upmann No.2

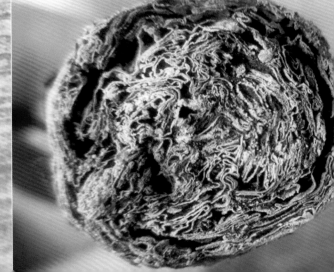

★ 乌普曼 2 号 ★

(H. Upmann No.2.)

　　这是我最喜欢的鱼雷形雪茄之一，我已经很多年没有抽到了。在一个公园，我的一个朋友给了我一支，他正进行加拿大国庆日野餐。这不是一支特别漂亮的雪茄，有点凹凸不平，颜色斑驳，覆盖着污染物。我不在乎——雪茄的外表往往具有欺骗性。我能想到的只有它已经经历了 7 年的时光。点燃之前全是木头味，我的嘴唇上甚至还沾上了碎片。

　　点燃之后，燃烧效果很好，木头的风味确实散发了出来。但是刚过第一英寸，它就变成了泥土味，而且干燥。在某一处燃烧有点偏移。这支雪茄强度适中，就像我记忆中那样。抽过前三分之一，它明显地表现出乌普曼 2 号的特征：醇和，强度适中，泥土和木头的风味。过了一半时，我发现中间部分燃烧得更热，然后它熄灭了。我不得不重新点燃它。

　　就这样持续到最后，风味变化不大，直到我决定丢下之前，燃烧状况都很好。我很喜欢这款雪茄，并因七年后还有机会尝试一次而感到荣幸。它仍然具有很棒的口感，在风味消失之前大概还可以再保存几年。

——M.S.

★ 乌普曼皇家罗布图 2011 哈瓦那之家独家版 ★

（H. Upmann Royal Robusto La Casa del Habano Exclusivo 2011）

2014 年，我在古巴的哈瓦那俱乐部买了这盒雪茄。那里有好几盒，但这是唯一一盒带 2012 日期的。有人告诉我，2012 年的任何雪茄都很好抽，所以我无法抗拒，我很高兴选择了它。据我所知，这款雪茄是 2011 年推出的，当时只生产了 5000 盒，每盒 10 支装。它们是罗布图型号，尺寸为 52×135（5.3 英寸）。

这支凹凸不平的雪茄有着凹凸不平的茄帽，摸起来很硬，但没有叶脉。点燃前抽吸，我几乎没有感到味道，但抽吸本身是完美的。开始时是柔和的，带有木头味和一丝坚果、泥土味。抽到第一英寸时，燃烧有点偏移。这很明显是一支柔和的雪茄；抽过第一英寸之后，我用打火机补燃了一下。

在大约四分之一处时，我弹了弹烟灰；风味保持不变。接下来的四分之一燃烧状况良好，但抽到一半时，燃烧又开始偏移，所以我又一次补燃……然后又一次。

事情就这样继续。风味没有变，燃烧有点不平稳，抽吸状况好极了。这是一支柔和、简单的雪茄。很多人对它推崇备至，我也真的很喜欢它。我认为对于喜欢浓郁雪茄的人来说，它可能有点太柔和了，但我更喜欢风味丰富、强度较强的雪茄。对我来说，这是一支值得信赖的雪茄，可能在早上抽，或者作为多雪茄之夜的开端。

抱歉关于这支雪茄我不能说更多了，它真的没有那么复杂。然而，我可以告诉你：我把它放下，是因为我实在拿不住了。如果我能把雪茄抽到那么短，任何认识我的人都会告诉你那是一种认可。

——M.S.

好友蒙特雷
（Hoyo de Monterrey）

强度：柔和

　　1831 年，13 岁的唐何塞·盖内 - 贝特（Don José Gener y Batet）
经过漫长的海上之旅，从西班牙来到古巴。盖内在他叔叔位于布埃尔
塔·阿瓦霍地区的烟草种植园工作，在那里他接受了学徒教育。1865
年，他在哈瓦那建立了自己的雪茄工厂，并开始生产"高雅"（La
Escepción）。这个品牌很受欢迎，他用赚来的钱买下了布埃尔塔·阿
瓦霍地区的一个顶级烟草农场。他称之为"Hoyo de Monterrey"（蒙特
雷之穴），意指优质烟草种植者所珍视的碗状地块。

　　好友蒙特雷在英国市场非常受欢迎，其工厂随后也成为古巴最大的
工厂之一。1900 年盖内在西班牙去世，他的女儿卢特加德·盖内（Lutgarda
Gener）接管了家族企业。它继续被这个家族掌管了三十年。

　　盖内家族把雪茄部门剥离了出去，好把精力集中在他们可观的甘
蔗产业上。1931 年，费尔南德斯与帕利西奥公司（Fernández, Palicio y
Cía）收购了好友蒙特雷和高雅品牌。

　　这两个新品牌与公司的潘趣和贝琳达（Belinda）系列完美契合。
1958 年，拉蒙·费尔南德斯（Ramón Fernández）去世，其合伙人费尔
南多·帕里西奥（Fernando Palicio）成为唯一的所有人。同年，帕利西
奥旗下品牌的总销售额占哈瓦那雪茄出口总额的 13%。

★ 好友蒙特雷小罗布图 ★

(Hoyo de Monterrey Petit Robustos)

　　我并不是奔着这支雪茄去的，当时我正在哈瓦那不同的雪茄店里拜访朋友们，但是当我发现它的时候，我忍不住拿了起来。我很确定我在十年前抽过这种雪茄，那是它首次推出的 2004 年，但是关于抽吸的体验我一点都不记得了。我可以告诉你，我喜欢这种尺寸——50×102（4.0英寸）——当你没有时间抽较大的雪茄时，它能让你度过一段不错的短暂的抽烟时光。

　　这种雪茄像石头一样硬，但我已经学会了不用担心这点。果然，抽吸起来很完美。它的茄帽有点凹凸不平，浅色的茄衣上没有叶脉。刚点燃时，它差不多是适中强度，有着咖啡和烤坚果的风味。它燃烧均衡，但在抽到第一英寸时有些偏移，而且平定下来，变得柔和。

　　过了第一英寸，我用打火机补燃了一下，咖啡和坚果味为木头味腾出了空间，木头味一直持续到最后。这不是一支复杂的雪茄，在第一英寸之后一点都没有变化。抽到最后三分之一时，中间燃烧得热了一些。我用打火机修正了，这一点也没有影响到风味。我一直抽到最后，不得不说，我很喜欢它。

　　如果你喜欢有点刺激的雪茄，它就不适合你。如果你喜欢自己雪茄盒中的雪茄种类多一些，想在早上喝咖啡的时候抽一支用时较短的雪茄，那么这款雪茄可以考虑一下。我不后悔买了这盒雪茄，尽管它不是我人生中抽过的最难忘的雪茄之一。

——M.S.

　　古巴革命战争之后，好友蒙特雷继续在古巴（以及洪都拉斯）生产，仍然是一个受欢迎的全球性品牌。

雪茄

- Coronations
- Double Coronas
- Epicure Especial
- Epicure No.1
- Epicure No.2

- Le Hoyo de San Juan
- Le Hoyo des Dieux
- Le Hoyo du Depute
- Le Hoyo du Gourmet
- Le Hoyo du Maire

- Le Hoyo du Prince
- Palmas Extra
- Petit Robustos

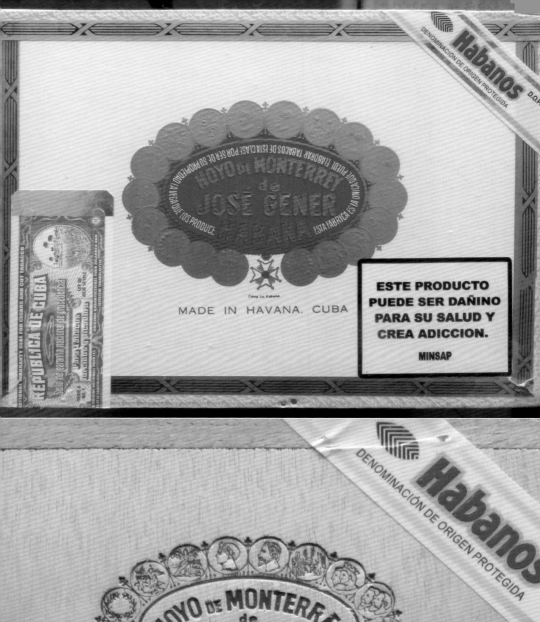

MADE IN HAVANA, CUBA

HABANA · CUBA

比雅达
（Jose L. Piedra）

强度：适中到浓郁

　　1880 年，韦森特（Vicente）和何塞·拉马德里（Jose Lamadrid）创建了比雅达（Jose L. Piedra）品牌。所用的烟草生长在备受好评的布埃尔塔·阿里巴地区，而雪茄本身则是在古巴的霍尔金（Holguín）生产的。比雅达在古巴国内是一个强大且受欢迎的品牌。1990 年该品牌暂时停产，1996 年恢复生产。比雅达生产七款手工雪茄。对于做工精良的雪茄来说，其定价极具竞争力。

雪茄

- Brevas
- Cazadores
- Conservas
- Cremas
- Nacionales
- Petit Cazadores
- Petit Cetros
- Royal Palms
- Superiores

胡安·洛佩兹
（Juan Lopez）

强度：柔和

　　1876 年，西班牙商人胡安·洛佩兹·迪亚兹（Juan Lopez Diaz）在古巴哈瓦那创立了自己的同名品牌。所用的烟草是从著名的布埃尔塔·阿瓦霍地区采购的，雪茄限量生产。这是少数几个全手工制作的雪茄品牌之一，拥有一批忠实而专一的追随者，是雪茄迷们的最爱。

 雪茄

■ Petit Coronas　　　　■ Selección No.1　　　　■ Selección No.2

★ 胡安·洛佩兹理想 2011 奥地利地区版 ★
（Juan Lopez Ideales Edicion Regional Austria 2011）

有一次我在哈瓦那，我的一个好朋友送给我一盒可爱的小雪茄作为生日礼物。还有比这更好的抽一支的地方吗（我确实抽了一支），但我在古巴不评价雪茄。回家后我抽了一支，这些是我的想法。

这支雪茄的尺寸是 50×102（4 英寸），被认为是小罗布图规格；当你没有很多时间抽雪茄时，它是一个很棒的型号。这款雪茄于 2011 年上市，用带编号的滑盖盒盛装，每盒 10 支，一共生产了 2500 盒。

这支雪茄没有叶脉，凹凸不平，捏起来有点弹性。茄帽有点软。从第一口抽吸我就感到了巧克力味，看起来不错。再抽一点，我开始品尝到雪松木的风味。抽到大约四分之三英寸时燃烧偏移了，所以我在到第一英寸时补燃了一下。直到最后燃烧都在不断地偏移，我发现自己在不停地补燃。

总的来说，这是一支强度适中的雪茄，直到最后的三分之一之前，风味都没有太大变化。就在那时，它开始变得强烈，变得有泥土味。

非常简单的雪茄，容易抽吸，享用时间较短时很完美。它到适合抽吸的时候了吗？我不认为时间会使这支雪茄变得更好，但可能会使最后三分之一稍微变淡一点。我喜欢这支雪茄，感谢我的朋友克尔亚（Kolja）将它作为礼物送给我。

——M.S.

IDEALES
HABANA - CUBA

TABACOS

卡诺之花
（La Flor de Cano）

强度：适中

"卡诺之花"由托马斯·卡诺（Tomas Cano）和何塞·卡诺于1884年创立。所用的烟叶生长在备受推崇的布埃尔塔·阿瓦霍地区，雪茄是在埃尔·雷伊·德尔·蒙多工厂生产的。这是一种小型、混合茄芯的中档雪茄。由于产量小，这种雪茄通常很难找到。

雪茄

- Petit Corona
- Selectos

★ 卡诺之花大卡诺 2013 大不列颠地区版 ★

（La Flor de Cano Gran Cano Edicion Regional Gran Bretaña 2013）

这是我的一个土耳其朋友寄给我的几支雪茄之一。他当时正在英国旅行，知道我想要来自那个地区的东西。这支雪茄运输得不好，它被压平了一些，茄衣有的地方已经剥落。

我有一小瓶液体，是我用来修复雪茄的，叫作"利佳多"（El Ligador），它很好地修复了我的几支有着相同遭遇的雪茄。几周前我做了修复工作，虽然还可以辨认出一两处裂缝，但这种液体所做的修复已经很棒了。我唯一担心的是它在点燃后可能再次裂开。现在我可以告诉你，这种情况并没有发生，而且在我抽吸的整个过程中雪茄结构没有出现任何问题。

这种雪茄被称为胖子（Gordito）或特级罗布图，尺寸是 50×141（5.6 英寸）。它们是 2013 年发行的，每盒 10 支；盒子带编号，但总数不详。

这支雪茄的茄帽凹凸不平——实际上，它整个都有点凹凸，捏起来有一点弹性。点燃之前抽吸，我尝到一点雪松木的味道。点燃之后，我品到了很大的木头味以及隐约的泥土味，还有一丝花香和柑橘味。抽吸完美。花香和柑橘味几乎立刻就消失了，只剩下木头和泥土味，接近下一半时，皮革味出现了。

燃烧从一开始就有偏移，并且持续着，程度或深或浅，一直到最后。抽到第一英寸时，我弹了弹烟灰，并用打火机进行补燃。

超过一半时，烟灰自己掉落了。这支雪茄开始抽时比适中稍强，此时更接近于柔和。对于如此新的雪茄来说非常醇和，我真不敢说这支雪茄才生产出来一年。最后一半完全是皮革和木头味，一直抽到最后都没有混入令人不悦的风味。它确实熄灭过几次，燃烧仍有偏移，但除此之外，这是一支出色的雪茄。

我并没有发现这款雪茄有多复杂，但很惊讶它如此新却如此醇和。

我不知道再过一段时间它会有什么变化，但在我抽的时候感觉相当好。如果价格合适，并且你不喜欢过于强烈的雪茄，建议试试这一款，假如你能买到的话。它也是一种适合新手的好雪茄。

——M.S.

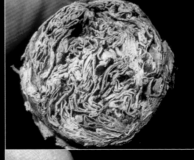

古巴荣耀
La Gloria Cubana

强度：适中到浓郁

1885 年，卡巴纳斯和卡斯特罗协会（Sociedad Cabañas y Castro）创立了古巴荣耀品牌。该系列雪茄获得成功，并于 1905 年卖给何塞·F. 罗恰（José F. Rocha）。此后的几十年，罗恰一直在哈瓦那米格尔街 364 号的工厂里生产这一品牌。在罗恰去世后的 1954 年，西富恩特斯家族从他的系列产品中买下了古巴荣耀和玻利瓦尔品牌，然后生产转移到帕塔加斯工厂（现名弗朗西斯科·佩雷斯·杰尔曼工厂）。虽然这个品牌在革命战争之后曾短暂消失，但帕塔加斯工厂在 1965 年重新推出了这款雪茄。现在，古巴荣耀系列在其他地方生产。

古巴荣耀还生产两种机制雪茄——迷你雪茄（Mini）和小雪茄（Purito）。古巴荣耀是小批量生产，在雪茄爱好者中享有极好的声誉，其中金牌 2 号（Medaille d'Or No.2）尤其珍贵。它也是最受欢迎的古巴出口雪茄之一。

雪茄

■ Medaille d'Or No.2

■ Medaille d'Or No.4

★ 古巴荣耀比卢 1 号 2011 比卢地区版 ★
(La Gloria Cubana Belux No.1 Edicion Regional Belux 2011)

　　这是我住在比利时的一个朋友寄来的一支外观漂亮的雪茄。这支雪茄的型号被称为吉诺（Genio），尺寸为 52×140（5.5 英寸），是特级罗布图规格。Belux 代表比利时（Belgium）和卢森堡（Luxembourg），这意味着这款雪茄只在这两个国家销售。只生产了 3500 盒，每盒 10 支。

　　这支雪茄摸起来很硬，几乎没有弹力。它的茄帽凹凸不平，茄衣几乎是黑色的，没有叶脉，有点凹凸，油性。点燃之前抽吸有雪松木的味道。点燃之后，第一口抽吸令人满意，带着泥土的风味。燃烧只有一点偏移，但我还是补燃了一下。我感受到很大的木头味，甚至嘴唇上还留下了几个碎片。弹烟灰时我留意到一个很漂亮的圆锥形，这意味着雪茄的燃烧是完美的。

　　风味没有太大变化，强度也是如此；它的强度适中，很好而且一致。抽到最后三分之一时，我感到一些轻微的花香，但只持续了几分钟，然后又回到了很强的木头味。

　　我让它在最后约四分之一处熄灭，几分钟后重新点燃。它抽吸起来仍然很好，带着同样的木头味的口感，没有变化。没过多久，雪茄开始变酸，我把它放下了。

　　这是一支很好的雪茄，我真的喜欢这个型号。我认为再过几年它会变得更好，不过现在抽起来也不太差。我想放置一段时间可能会使它增加一点复杂性。我还有一支，我要把它暂时收起来。

——M.S.

MONTECRISTO

HABANA · CUBA

OPEN

ESTE P
PUEDE S
PARA S
CREA A
M

MONTECRISTO
HABANA

OPEN
MASTER

蒙特克里斯托
（Montecristo）

强度：适中到浓郁

受大仲马的经典小说《基督山伯爵》（*The Count of Monte Cristo*）的启发，1935 年 7 月，阿隆索·梅内德斯（Alonso Menendez）创立了这一同名品牌。梅内德斯买下了一家工厂，该厂拥有深受喜爱的"私享"（Particulares）品牌和不那么流行的"拜伦"（Byron）品牌。传说大仲马的书是雪茄卷制工的最爱。在那些日子里，会有一名朗读者为正在工作的卷制工大声读书，而这本书是最受欢迎的。不足为怪，书中的主人公是一个抽雪茄的人，名叫爱德蒙·唐泰斯。

在收购了"私享"工厂之后，梅内德斯立即开始创建蒙特克里斯托品牌。约翰·亨特·莫里斯（John Hunter Morris）和该品牌的英国分销商埃尔坎有限公司（Elkan Co. Ltd.）设计了如今著名的蒙特克里斯托商标，该商标是六把剑组成的三角形围绕着鸢尾花。这一品牌和标志立即大受欢迎。

收购工厂一年后，梅内德斯和他的合作伙伴建立了一家新公司，命名为梅内德斯和加西亚公司。凭借从极为成功的蒙特克里斯托品牌获得的利润，该公司于 1937 年买下了摇摇欲坠的乌普曼工厂。蒙特克里斯托的生产从"私享"工厂转移到乌普曼工厂。古巴革命战争之后，这家工厂仍然是蒙特克里斯托品牌的所在地。

　　蒙特克里斯托最初的生产线只有五个带编号的型号。20 世纪 40 年代的某个时候，增加了一种管装雪茄，直到国有化之前都没有变化。1959 年，这个品牌被政府占有，梅内德斯和加西亚离开了，技艺最高的卷制工之一何塞·曼努埃尔·冈萨雷斯（José Manuel Gonzalez）被提升为经理，他为这个品牌引进了新的型号和类型。在 20 世纪 70 年代和 80 年代，冈萨雷斯增加了 5 种新的型号。

雪茄

- Double Edmundo
- Eagle
- Petit Edmundo
- Edmundo
- Joyitas
- Junior
- Master
- Media Corona

- Montecristo A
- Montecristo Especial No.2
- Montecristo No.1
- Montecristo No.2
- Montecristo No.3
- Montecristo No.4
- Montecristo No.5

- Montecristo Tubos
- Petit No.2
- Petit Tubos
- Regata

★ 阿尔弗雷德·登喜路与蒙特克里斯托 ★
（Alfred Dunhill and Montecristo）

　　阿尔弗雷德·登喜路出生于 1872 年，是一位英国烟草商和发明家，他创设了登喜路奢侈品公司和登喜路牌的烟草产品。

　　1893 年阿尔弗雷德·登喜路成立了一家销售汽车配件的公司，1902 年在梅菲尔（Mayfair）开了一家专卖店。1904 年，他发明了一种专为司机设计的烟斗，并很快在圣詹姆斯开了一家烟草商店，提供定制的混合烟草。20 世纪 20 年代，他在纽约和巴黎开设了新的商店。随着他的品牌的范围扩大和价值提升，他助力创建了国际性的现代奢侈品市场。

　　通过登喜路公司的努力，蒙特克里斯托品牌变得在全球范围内广受欢迎。登喜路在他伦敦的店里销售该品牌产品，并大力宣传该品牌的质量和独特性。因为他以在奢侈品推广方面的卓越才能而闻名，蒙特克里斯托作为一种时尚雪茄而声名鹊起。今天，蒙特克里斯托雪茄约占哈伯纳斯全球雪茄销量的四分之一。蒙特克里斯托是世界上最受欢迎的古巴雪茄。

★ 蒙特克里斯托 1 号哈瓦那俱乐部哈瓦那之家特别版 ★
（Montecristo No.1 Club Habana La Casa del Habano Special Edition）

2014 年 8 月我去古巴旅行，在参观哈瓦那之家俱乐部时，一个朋友让我注意到这盒特殊的雪茄。他说的是："如果你要买点什么，就买这个。"他认为它是一件收藏品，但我认为它是应该与朋友分享的东西。里面盛装的 15 支雪茄是由帕塔加斯商店挑选的，并多包装了一个茄标。

雪茄本身，如果按其价值购买，总共要花 40 美元左右，但这样买的话，你就会失去一个可爱的帕塔加斯书式雪茄盒，它很小，但标价 162 可兑换比索。

至于雪茄本身，我对它们一无所知，只知道已经有一些年头了。商店在挑选雪茄方面做得很好，到目前为止我已经抽了六支了。我和同我分享过观点的人都认为，这是非常棒的雪茄。

从开始到结束，它都是典型的蒙特 1 号（Monte No.1），柔和，而不是接近适中，醇和——我喜欢它。直到快结束时燃烧都很好。风味是木头味，以及混入一些泥土味的木头味，在接近末端时泥土味变得有些明显。这支雪茄从开始到快结束都基本一样。在最后的四分之一，泥土味提高了一个档次，雪茄变得有点浓烈。

这支雪茄没什么特别的，也就是说，它不是专门为这个特殊的雪茄盒卷制的。然而，到目前为止，盒中所有的雪茄都很棒，而且物有所值。一致性是一种美妙的东西，如果你能在古巴雪茄中发现它就更好。帕塔加斯商店一直在这样做，尤其是在比赛期间。

——M.S.

帕塔加斯
（Partagás）

强度：浓郁

1816 年，加泰罗尼亚人唐杰米·帕塔加斯-拉韦洛（Don Jaime Partagás y Ravelo）出生在阿雷尼斯·德·马尔（Arenys de Mar）。他的父亲是一个裁缝，名叫豪梅·帕塔加斯（Jaume Partagás），母亲名叫特蕾莎·拉韦洛（Teresa Ravelo）。1831 年，唐杰米移民到古巴，在略雷特·德·马尔（Lloret de Mar）为商人琼·科尼尔（Joan Conill）工作。1845 年，唐杰米在哈瓦那的克里斯蒂娜街 1 号建立了自己的工厂帕塔加斯烟草之花（La Flor de Tabacas de Partagás）。

在布埃尔塔·阿瓦霍地区，唐杰米拥有并经营着一些质量最好的烟草种植园。他会优中选优来进行混制，以确保他的高品质雪茄始终能跻身古巴最好的雪茄之列。他是一位创新者，尝试了许多发酵和烟草陈化方法。唐杰米也是最早和最著名的雇用朗读者的老板之一，他们在全厂的卷制工工作的时候带来娱乐。

1868 年，他在家族的一个种植园里被谋杀，他的儿子何塞·帕塔加斯接管了生意。

此后，帕塔加斯几度易手，最著名的一次是在 1916 年由西富恩特斯和佩戈公司（Cifuentes, Pego y Cía）买下。这家公司变得很有影响力。它收购了拉蒙·阿隆、玻利瓦尔和古巴荣耀等品牌，并推出了西富恩特斯品牌。到 1958 年，西富恩特斯在古巴雪茄出口方面仅次

EXPOSITION UNIVERSELLE DE 1878.

LE JURY INTERNATIONAL DES RECOMPENSES

DECERNE

UN RAPPEL DE MÉDAILLE D'OR

A

Monsieur PARTAGAS

于乌普曼公司，控制着 25% 的出口市场。

帕塔加斯享有极高的知名度，是继蒙特克里斯托之后第二畅销的古巴雪茄品牌。帕塔加斯每年生产和销售超过 1000 万支雪茄。

位于哈瓦那的老帕塔加斯工厂已经更名为弗朗西斯科·佩雷斯·杰尔曼工厂。对于到古巴旅行的雪茄迷来说，它一直是很受欢迎的旅游目的地。2012 年，帕塔加斯的生产被转移到其他地方。

雪茄

- Aristocrats
- Chicos
- Coronas Junior
- Coronas Senior
- Culebras
- de Luxe Tubos
- Habaneros
- Lusitanias
- Mille Fleurs
- Mini Collection 2012
- Petit Coronas Especiales
- Presidentes
- Salomones
- Serie D No.4
- Serie D No.5
- Serie D No.6
- Serie E No.2
- Serie P No2
- Shorts
- Super Partagás

★ 帕塔加斯所罗门 ★

(Partagás Salomones)

对我来说，星期一晚上通常是抽烟之夜，在这种情况下我会收拾妥当，从旅行箱中拿点东西出来准备抽吸。但当我到达主人家时，他很好心地递给我一支雪茄。他是个狂热的爱好者，有一个可进入式雪茄柜，其中的存货比我在多伦多去过的一些商店还要多，当然还有比古巴任何一家商店（也许货栈除外）所卖的都要好的老雪茄。

他甚至都不知道自己有些什么，有一次，他在移动一些东西时，在他的雪茄柜的某个角落里发现了两支雪茄。幸运的是，他的心情很好，我开始回忆帕塔加斯所罗门的口感是什么样的。我不知道这支雪茄的包装日期；被发现时，它们没有被装在盒子里。我只能根据口感来猜，我得说这支雪茄大约有七八年了，这段时间这种雪茄发生了变化。它曾是很强烈的烟，有着丰富的风味，但在过去的几年里，它已经变得缓和，非常醇厚和容易抽吸。在我看来，几乎所有的帕塔加斯雪茄都发生了这种变化。

这款所罗门的尺寸为57×184（7.2英寸），被称为双完美（Double Perfecto）规格。从 2008 年开始，它们就被放在 10 支装的硬彩纸木盒里出售，有时除了标准茄标还会加上哈瓦那之家的茄标（可能就在发生变化的那段时间）。我抽的这支雪茄只有标准的帕塔加斯茄标，这意味着它至少有 7 年的历史了。

这支雪茄像石头一样硬，我是说真的很硬。如果这支雪茄能抽，那将是一个奇迹。茄衣颜色略深，有点凹凸和斑驳。点燃之前抽吸全是木头味。点燃之后，抽着有点结实，但还可以抽，我感到苦巧克力和烤咖啡豆的风味，还有一丝木头味……和当前的所罗门雪茄完全不同。我不知道燃烧会往哪个方向发展。在开始时，我会说这是一款强度适中的雪茄，并向浓郁迈进。这是我所记得的多年前的所罗门雪茄。

抽到第一英寸时，木头味开始占据上风，燃烧有些偏移。抽吸仍能感到结实。过了第一英寸燃烧还是有些偏移，不过在那之后它就自行恢复了。我尝到了巧克力和木头味，它绝对介于适中到浓郁之间。

过了第二英寸，烟灰仍然悬在那里；到大约 2.5 英寸处，它自己掉落下来。燃烧有点偏移，但我决定不管它，看它能否自行修复。抽到快一半的时候，雪茄充满了带着淡淡的木头味的泥土味。燃烧确定不能自己修复，所以我用打火机补燃了一下。它变得更浓郁了。可能由于比较结实，它燃烧得有点热，我不得不控制抽吸的频率，即使我害怕它会熄灭。

到了四分之三处全是泥土味，此外我感觉不到别的味道。它变成了一支浓郁的雪茄，有点难以抽吸。它可以再陈化得久一点（哇）。抽到最后四分之一时，燃烧偏移得厉害。雪茄快要灭了，我不得不补燃并重新点燃。接近尾端时，烟的结实度增加了它的苦味，最后我只得放弃了。

我非常高兴有机会品尝这支雪茄。我已经很久没有抽过这种雪茄了，即使在很多年前也只抽过几次。在我看来，新的所罗门雪茄比不上旧的。我相信他们把这种以及其他雪茄调淡了，使它们更能吸引大众。然而，这种市场行为会让真正的狂热者受折磨。如果你能找到一盒 2008 年以前的，买下它。

——M.S.

★ 帕塔加斯精选私享 2014 限量版 ★

（Partagás Seleccion Privada Edicion Limitada 2014）

上次去古巴的时候，我很幸运地得到了这些礼物。这款雪茄是双罗布图规格，尺寸为 50×160（6.3 英寸）。它们是硬彩纸木盒装，每盒10 支。

我所得到的雪茄茄衣是浅黑色的，光滑、油性，但有一些小凸起。结构看起来相当好。点燃前抽吸感觉像巧克力，但点燃之后全是泥土味，带着一丝烤咖啡豆味。抽吸完美，快抽到第一英寸时燃烧仍很好。此时它是一支强度适中的雪茄。过了第一英寸，燃烧有点偏移，依然是泥土味，还有一点木头味。

过了四分之一的时候，燃烧偏移得需要我用打火机补燃了。完全是泥土香，仍然强度适中。就这样到了大约最后四分之一处。我不得不持续补燃。它熄灭了几次，我不得不重新将其点燃。我一度注意到中间燃烧得较热。这些都没有影响雪茄的口感。到最后的四分之一，它变得更浓郁；最后实在太小了，我无法再次点燃它，所以把它放下了。

这支雪茄需要放置一段时间，但实际上我惊讶于现在的抽吸效果有这么好。它让我想起了蒙特克里斯托 520 和高希霸 1966，但没有那种赤裸裸的力量。与那两种相比，这种绝对是柔和的，但风味相似。这与常见的帕塔加斯很不一样。我喜欢它，打算买一两盒放着。我推荐你试试这种雪茄。

——M.S.

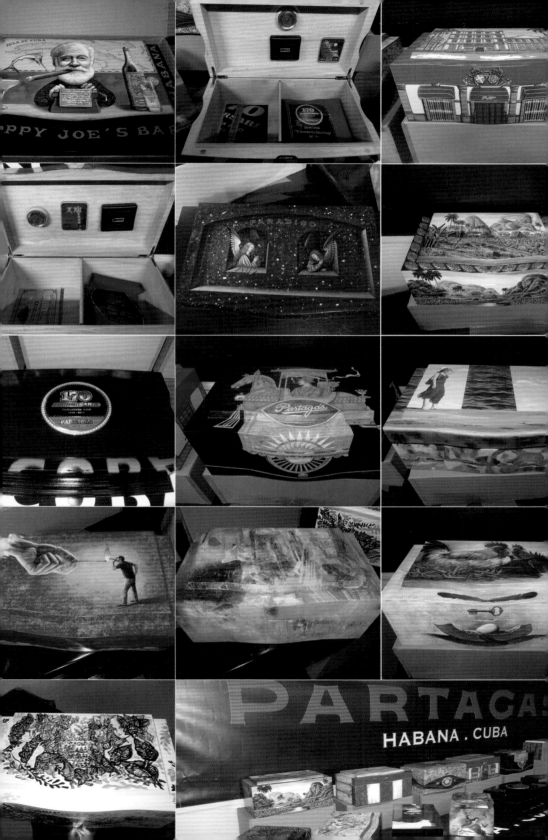

POR
LARRAÑAGA

HABANA · CUBA

ESTE PRODUCTO
PUEDE SER DAÑINO
PARA SU SALUD Y
CREA ADICCION.

波尔·拉腊尼亚加
（Por Larrañaga）

强度：淡到适中

1834 年，伊格纳西奥·拉腊尼亚加（Ignacio Larrañaga）创立了波尔·拉腊尼亚加。到 19 世纪末，波尔·拉腊尼亚加已经成为一个很受欢迎的优质雪茄品牌，同时生产高端和廉价的系列雪茄。1925 年，波尔·拉腊尼亚加成为第一家生产机制雪茄的工厂，这让很多人感到不满。几十年里，波尔·拉腊尼亚加的销售一直强劲，在革命战争时期及之后都是古巴第六大品牌生产商。

直到 20 世纪 70 年代，它都是一个著名且受人尊敬的品牌，但很快这一高档雪茄品牌经历了一些变化。到 20 世纪 80 年代，产量急剧下降，更大范围的法律诉讼减少了分销区域。在最低潮时，波尔·拉腊尼亚加主要生产机制或手工完成的雪茄，这些雪茄在加拿大和中东地区销售。随着新的手工版本的推出，该品牌在形象和质量上都实现了复兴，所有 4 个规格都是完全手工制作的。

2006 年，哈伯纳斯公司生产了几千箱朗斯代尔，专供德国销售，在曾经停产的规格中，这是波尔·拉腊尼亚加迷们的最爱。硬彩纸木盒 25 支装，并另有一条特殊茄标，上面写着"德国专有"（Exclusivo Alemania）。

如今，波尔·拉腊尼亚加已经完全改头换面了。波尔·拉腊尼亚加采用优质的布埃尔塔·阿瓦霍地区的烟草，生产淡到适中强度的雪茄。波尔·拉腊尼亚加最近的系列雪茄仍然完全是手工制作的。它是一个小型生产厂家，在古巴雪茄爱好者中倍受追捧。

❧ 雪茄 ❧

- Montecarlos
- Panetelas
- Petit Coronas
- Picadores

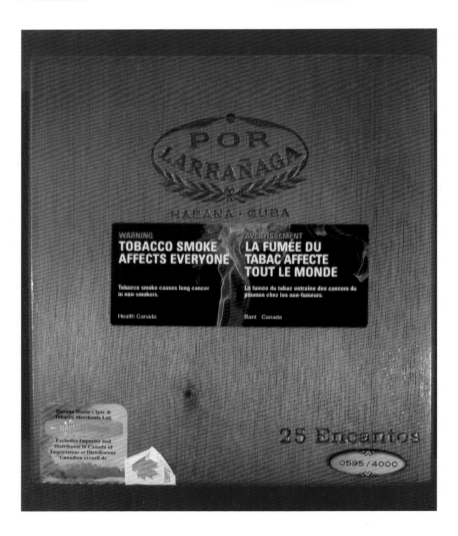

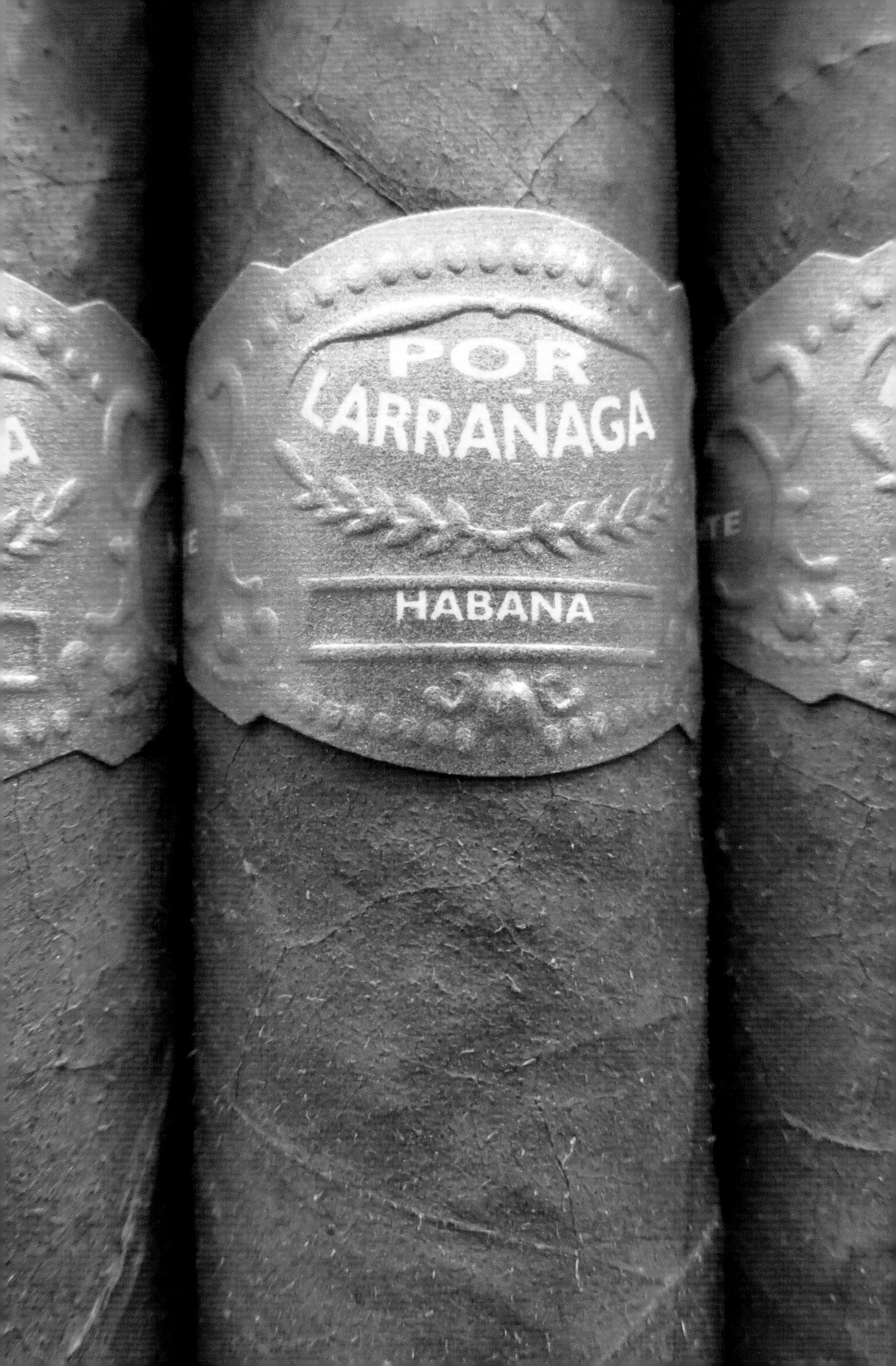
POR
LARRAÑAGA
HABANA

★ 波尔·拉腊尼亚加朗斯代尔 2006 德国地区版 ★

（Por Larrañaga Lonsdale Edicion Regional Alemania 2006）

这支雪茄是我几周前和其他几支漂亮的雪茄一同得到的，赠送的人偏偏是我来自美国的朋友。他当时并不知道，但我喜欢这支雪茄。在它们上市后不久，我就得到机会抽了两支。经过这么长时间，细节已记不清楚，但我确实记得，上市才那么短时间，它们就如此醇和，已经非常适合抽吸。这种朗斯代尔型（42×6¹/₂）雪茄共生产了 2400 盒，25 支装，在 2006 年上市。

这盒被压过的雪茄摸起来很坚固，硬得像石头，这让我很担心。茄帽凹凸不平，实际上，整支雪茄都有点凹凸，没有大的叶脉，但有一些小的。焦糖色的茄衣有点斑驳，但看起来不太坏，此外……它对烟味没有影响。点燃前抽起来是甜的，有一丝姜味，而且确实有点紧。

点燃之后，抽吸时有点阻力，不过是可以抽的。跟我记忆中的一样，这支雪茄很柔和。现在我尝到了巧克力味，它是那么细腻，让我想起了高希霸长矛雪茄。在大约八分之一处，我品到了一丝烤榛子的味道。过了一会儿，又尝到了木头味。在四分之一处，烟灰自己掉落了，燃烧完全没有问题。在刚才的八分之一段风味没有变化。

抽到一半的时候，我开始尝到稍微多一点的木头味。过了一半，烟灰又自己落下了，燃烧有一点偏移。我开始不时尝到一点苦味。燃烧自行恢复了，快到最后四分之一处时，燃烧开始增强。刚到最后的四分之一处时，抽吸就变得太紧，不再是一个愉快的过程，所以我就此放下了。

这是一款非常简单的雪茄。柔和而醇厚。我记得几年前一个朋友告诉我，他不喜欢这种烟，因为它不是很刺激。他喜欢较强的烟。我却相反，所有的我都喜欢，柔和的，浓郁的，介于两者之间的。几年前第一次抽这种雪茄时我就喜欢，现在仍是如此。我相信它们不会变得更好。

我抽的这支，我敢肯定，如果不是太紧的话，我可以一直抽到最后。我
很欣慰抽完了可以抽的部分，那些地方不受结实程度的影响。

——M.S.

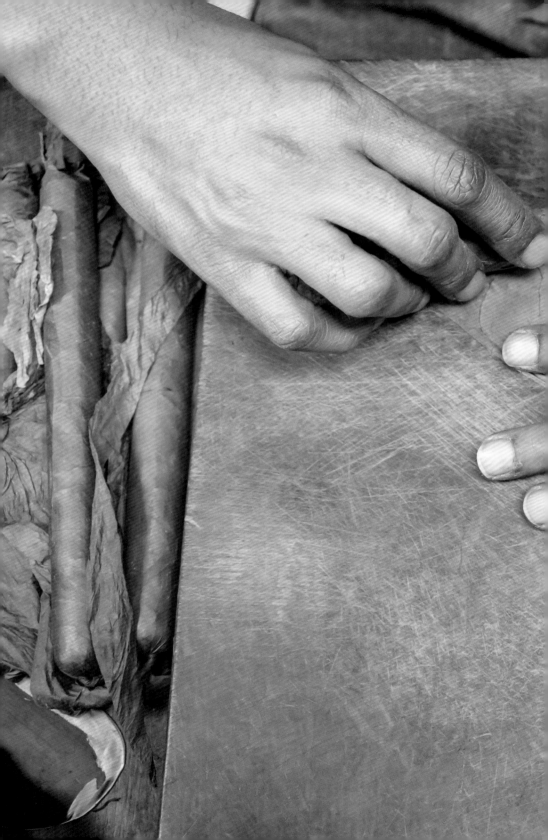

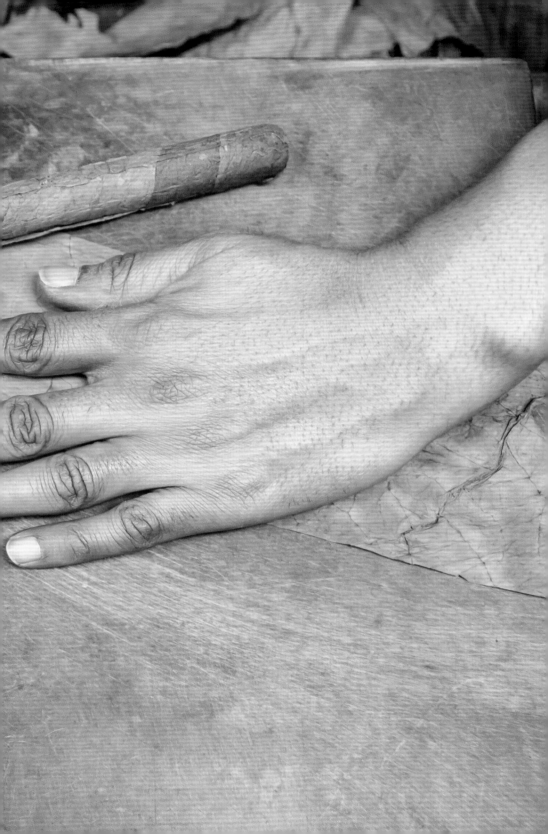

潘趣
（Punch）

强度：浓郁

　　潘趣雪茄于 1840 年上市，并在维多利亚时代的英国成为非常成功的雪茄。该品牌是由一个名叫斯托克曼（Stockman）的德国人创立的，他用著名木偶剧《潘趣与朱迪》（*Punch and Judy*）中的角色潘趣先生的名字为它命名。1874 年，该品牌被路易斯·科鲁若（Luis Corujo）收购，十年后卖给了曼努埃尔·洛佩兹·费尔南德斯（Manuel

---

★ 潘趣先生 ★

　　潘趣先生是意大利"即兴喜剧"（Comedia D'ella Arte）中的一个角色，他在维多利亚时代备受英国儿童欢迎。《潘趣与朱迪》是一部木偶剧，潘趣先生和他的妻子朱迪为主演。演出由一系列短场景组成，每个场景都描绘了两个角色之间的互动，最典型的是潘趣先生和另一个角色（通常是潘趣的威吓俱乐部之怒的受害者）互动。这些表演通常与传统的英国海滨文化有关。《潘趣与朱迪》的各个剧集都是以荒诞的喜剧精神表演的，并以潘趣先生无法无天的插科打诨为主导。

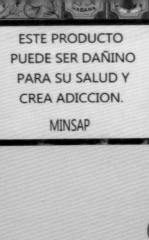

PUNCH

REAL FABRICA DE TABACOS
PUNCH
R.E.
HABANA
J. VALLE Y Cª

MANUEL LOPEZ

MANUEL LOPEZ

López Fernández），现在他的名字还出现在公司雪茄的茄标和雪茄盒上。费尔南德斯于 1924 年退休，在埃斯佩兰萨·瓦莱·科马斯（Esperanza Valle Comas）管理时，这个品牌经受了严重的经济困难，他仅在 1929 年股市崩盘前运营了几年。

1930 年，费尔南德斯与帕利西奥公司收购了潘趣，它在英国仍然很受欢迎。随后，潘趣与最受欢迎的品牌——贝琳达、高雅和好友蒙特雷一起成长，并成为该公司的主要雪茄品牌之一。

革命战争之后，潘趣继续在古巴生产。在雪茄迷中，同名的潘趣、双皇冠、丘吉尔和精选 2 号等规格尤其受到珍视和追捧。

雪茄

- Coronations
- Petit Coronations
- Royal Coronations
- Double Coronas
- Punch-Punch

★ 潘趣双皇冠 ★

（Punch Double Corona）

这支雪茄来自一个 50 支装的雪茄柜，标记着 2002-03，跟每支古巴双皇冠雪茄一样，它的尺寸为 49×194（7.6 英寸），它是一个漂亮的样品。一个朋友和我分享了他的收藏。

这支双皇冠有着深色的拿铁咖啡色茄衣，像石头一样硬，未点燃时抽吸全是木头味。它略带油性，有点凹凸，但没有明显的叶脉。点燃之后，我尝到了泥土和木头味，一点也不复杂。燃烧开始时有点偏移，但快到第一英寸时自行恢复了。过了第一英寸，木头味被青草味取代；或许是我的味蕾的关系，它好像有点干。此时它是一支适中到浓郁强度的雪茄。过了大约第二英寸的位置，烟灰自己掉落，留下一个漂亮的锥形，这标志着雪茄卷制得很好。这支雪茄的锐利感开始消失，风味更接近适中强度，有明显的泥土味。

抽到大约一半的时候，烟灰再次自己掉落，此时中间燃烧得有点过热……没什么特别严重的，但我还是照样做了补燃。我非常喜欢这支雪茄，不想让任何事破坏这种乐趣。在接近最后三分之一处时它熄灭了，但这可能更多是因为我自己分心，而不是这支雪茄卷得不好。此时雪茄的强度开始回升，再次变为适中到浓郁，并在最后四分之一的时候向浓郁发展。我可以向你保证，我把这玩意抽到最后，一点问题都没有，它没有突然变化让我生气。

总之，哇，只有哇。这就是潘趣双皇冠该有的口感。我抽过几盒雪茄，但都不是 2009 年之前的，而且我抽的雪茄虽然很不错，但是相当柔和。感谢我的朋友邀请我来分享这支美妙的雪茄。

——M.S.

多尔塞码头
（Quai D'Orsay）

强度：淡

多尔塞码头系列由古巴烟草公司于 1973 年创立，是专为法国国家烟草垄断企业 SEITA（国家烟草和火柴工业开发公司）设计的。该品牌的特点是它是手工雪茄，口味淡至适中，专为迎合法国人的口味而制作。该品牌的名字与著名的塞纳河左岸的巴黎大道有关，这条大道贯穿巴黎的心脏地带。法国外交部与 SEITA 总部位于同一地点，都在多尔塞码头，这也并非巧合。

雪茄茄衣的范围由浅褐色(克拉罗)到浅棕色(科罗拉多克拉罗)，这符合法国人的口味；风味醇厚柔和，也符合法国人的口味。所用的烟叶来自布埃尔塔·阿瓦霍地区，雪茄是在罗密欧与朱丽叶工厂生产的。

 雪茄

■ Coronas   ■ Imperiales

★ 多尔塞码头皇家标力高 2013 法国地区版 ★
（Quai D'Orsay Belicoso Royal Edicion Regional Francia 2013）

我跟一个住在法国的朋友交换来几支这种雪茄。它们是 2014 年 1 月发布的，共 2000 盒，带编号，25 支装。其尺寸为 52×125（4.9 英寸），是小标力高规格。我抽的这支包裹着浅色的茄衣，光滑油腻，完美无瑕。它摸起来坚硬，只有一点弹性。未点燃时抽吸，让我感到无花果干和木头味；接下来的抽吸好像会有点紧实。点燃之后，我的想法得到证实，它有点紧。我选择多剪一点。这样似乎能让情况好一些。燃烧从一开始就偏移得厉害，所以我进行了补燃。抽到半英寸时，我尝到了一种甜味、巧克力味，带着木头味和一丝花香。燃烧继续偏移，这是一支中度到浓郁强度的雪茄。

抽到第一英寸时，我把雪茄放下了一会儿，它熄灭了。燃烧仍然偏移。它比适中强度要浓烈一些，是一种很好的饱满的适中。在四分之二段，我感受到皮革味和木头味。燃烧还在偏移。抽吸状况变好了，只有一点紧。

接近一半的时候，燃烧又一次大幅偏移，中间烧得更热。我不得不做一次大的补燃。它已经开始让我生气了，此时有很大的泥土味，还有一丝花香闪过。到了四分之三段，皮革味占据风味的主导地位，再次闪过一丝花香。最后四分之一段是泥土味，它又一次熄灭了……我没有再费力点燃。

抽这支雪茄时总是需要做一些工作并重新点燃，但我仍然喜欢它。这绝对是一支非常有趣的烟，非常新，可能需要放置几年。我还有一支，我会把它收藏起来，以后再抽。如果你决定买一盒，我建议你把它放到你的雪茄盒的深处，设法抵制诱惑。将来它会是更好的雪茄。

——M.S.

昆特罗
（Quintero）

强度：适中

昆特罗兄弟（Quintero y Hermanos 或 Quintero and Brothers）由奥古斯特·昆特罗（Agustin Quintero）和他的四个兄弟于1924年创立。

昆特罗的烟草混合配方立即就为几兄弟带来了商业上的成功，不论是在古巴还是在国外。昆特罗烟草的不同寻常之处在于，它有着独特的香草风味，回味甜美。这些雪茄在投放市场之前，往往会经过几个月的额外陈化使其更加成熟。最初，所有的雪茄都是手工制作的。

昆特罗兄弟在古巴的西恩富戈斯（Cienfuegos）建立了一家小型雪茄厂。西恩富戈斯是一座位于古巴南部海岸的城市，靠近雷梅迪奥斯的布埃尔塔·阿里巴烟草种植区。昆特罗是古巴少数几个并非发端于主要烟草种植区布埃尔塔·阿瓦霍地区的雪茄品牌之一。

昆特罗兄弟在20世纪40年代发展壮大，并搬到了哈瓦那一家更大的工厂。然后他们开始使用来自布埃尔塔·阿瓦霍种植区的优质烟叶。该品牌稳步提升。销量在国内和世界范围内都在增加，在西班牙尤其受欢迎。

在古巴雪茄产业国有化之后，昆特罗品牌被重新定位。该公司现在是国家体系的一部分，不再制作手工雪茄，转而生产机制雪茄或手工完成雪茄。他们的一些雪茄是用铝管装售卖的。在20世纪后期，昆特罗兄弟是唯一一个在全球销售的古巴机制品牌，它们在西班牙的受欢迎程度从未被动摇。

2002年，古巴政府营销组织哈伯纳斯公司再次重新定位该品牌。他们停止销售贴着昆特罗兄弟标签的机制雪茄，转而只生产手工雪茄。昆特罗雪茄现在被宣传为完全手工制作（totalmente a mano）。它的雪茄有四种型号。这些优质的高级雪茄在强度上是适中到浓郁，是用古巴比那尔·德·里奥地区的布埃尔塔·阿瓦霍和塞米·布埃尔塔种植区的较短及适中的茄芯烟叶手工制作的。

雪茄

- Brevas
- Favoritos
- Londres Extra
- Nacionales
- Panetelas
- Petit Quinteros

拉斐尔·冈萨雷斯
（Rafael Gonzalez）

强度：适中

这种雪茄以前叫作马奎斯之花（La Flor de Marquez），是 20 世纪 20、30 年代最成功的雪茄品牌之一。该品牌可以追溯到 1928 年（尽管它直到 1936 年才被埃尔·雷伊·德尔·蒙多协会注册），商标记录显示 1945 年它更名为拉斐尔·冈萨雷斯。

据推测，是马奎斯之花系列首先引入了朗斯代尔型号，以纪念第五代朗斯代尔伯爵休·塞西尔·洛瑟（Hugh Cecil Lowther）。

所用的烟叶是从布埃尔塔·阿瓦霍种植区采购的。雪茄是手工卷制的，强度适中，被许多人认为是一种质量非常高的雪茄。

 雪茄

■ Panetelas Extra　　　　　■ Perlas　　　　　■ Petit Coronas

★ 拉斐尔·冈萨雷斯小金字塔 2013 德国地区版 ★

（Rafael Gonzalez Petit Piramides Edicion Regional Alemania 2013）

　　我在什么地方读到过，这种雪茄相当柔和，这在我的书里并不是负面评价。它是一个住在德国的朋友寄给我的。2013 年生产，共 6000 盒，带编号，硬彩纸木盒 10 支装，2014 年初发布。规格是小金字塔，尺寸为 50×127（5 英寸），是一种不错的短雪茄。

　　这是一支很得体的雪茄，看起来结构很好。它摸起来坚硬，有点凹凸，但没有叶脉。未点燃时抽吸什么也感觉不到，但一点燃就有了泥土风味。过了前半英寸，慢慢出现一点皮革味。它明显是一支柔和雪茄。抽吸状况很好，但燃烧有点不均衡。最后我用打火机补燃了一下，好让它不至于失控。过了第一英寸，风味没有变化，还是柔和的烟。在一英寸半处，我弹了弹烟灰，留下一个漂亮的圆锥形的灰头，这标志着雪茄卷制良好。

　　过了一半，我再次弹一弹烟灰，此时燃烧平稳。风味还是没变。还剩大约一英寸半时，强度开始提升。快到结尾时我补燃了一下，就再也拿不住了。

　　它不是一支令人惊叹的雪茄，但非常令人愉快。我再也拿不住了，这就说明了一切。这支雪茄非常适合搭配一杯咖啡在早晨抽吸；在我一次抽四五支雪茄的情况下，它可以是很好的开始。在我看来，它确实值那么多钱。我必须多收藏一些。我喜欢它，但也别抱太高的期望。

——M.S.

拉蒙·阿隆
（Ramón Allones）

强度：浓郁

拉蒙·阿隆是仍在生产的最古老的雪茄品牌之一，它由西班牙移民兄弟拉蒙·阿隆和安东尼奥·阿隆于 1837 年在古巴创建，1845 年正式成立。拉蒙和安东尼奥兄弟是杰出的市场营销者，他们的想法至今仍影响着雪茄的包装。尽管存在一些长期的争议，但拉蒙·阿隆被认为是第一个将彩色平版印刷应用于雪茄盒图案制作的雪茄品牌。他们还被认为是率先给每根雪茄单独上茄标，以及用"8-9-8"的样式包装雪茄的生产商。这两项举措使他们成为该领域的营销先锋。

和许多历史较悠久的古巴雪茄公司一样，这个品牌在接下来的一个世纪里多次易主。公司被西富恩特斯家族收购，最后拉蒙·阿隆的生产转移到另一家工厂。这些强劲的雪茄，整个系列都是优质的手工产品。其创始人创造的混制配方保持不变，并受到广泛欢迎。

几十年来，拉蒙·阿隆雪茄系列一直深受雪茄迷们的喜爱。

 雪茄

■ Gigantes　　　■ Small Club Coronas　　　■ Specially Selected

★ 拉蒙·阿隆优越 2010 哈瓦那之家独家版 ★

（Ramón Allones Superiores LCDH Exclusivo 2010）

这款雪茄最初发布于 2010 年，一共生产了 5000 盒，每盒 10 支。我认为我这盒是再次发行款，因为盒子上的日期是 2013 年 4 月。这款雪茄被认为是胖皇冠，尺寸为 46×143（5.6 英寸）。

这盒雪茄是大约一年前我在哈瓦那买的。在那之前我已经抽过几支，而且记得它们很不错，所以当我看到这盒 2013 年的雪茄时，我就一把拿了起来。

我从盒子里挑出来要抽的这支硬得像石头，但抽吸效果居然很完美。前半英寸让我感觉燃烧均衡，带巧克力和泥土风味，强度柔和到适中。抽到第一英寸处时，它变得泥土味更强了，而且有点苦。稍微多抽一点，带着青草味的泥土味越来越大。此时苦味消失了，强度增强了一点。燃烧极其完美，在抽到大约一半时我弹了弹烟灰……在室内抽烟，我不想把周围弄脏。

抽过一半，雪茄又开始变得醇厚。总的来说，它在任何时候都不是很浓烈。燃烧稍稍有点偏移，抽到剩三分之一时它又有所增强。最后我几乎全部抽完了。

这是雪茄中的珍宝，它们可能只会在雪茄盒中停留很短的时间。在古巴买它们时我花了 57.50 可兑换比索，我怎么可能会错？现在我不得不抵制诱惑，以免在它们最适宜抽吸的时刻到来之前就把它们全部抽完了。如果你在古巴看到了，一定要把它们买下来，这绝对是一笔好买卖。

——M.S.

罗密欧与朱丽叶

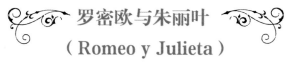

（Romeo y Julieta）

强度：柔和

1875年，伊诺森西奥·阿尔瓦雷斯（Inocencio Alvarez）和马宁·加西亚（Manin Garcia）创立了罗密欧与朱丽叶品牌，以纪念莎士比亚那部著名的悲剧中不幸的恋人。

从1885年到1900年，罗密欧与朱丽叶赢得了一些奖励和奖章，这些都在他们的商标上醒目地展示着。然而，在1903年被何塞·"丕平"·罗德里格斯·费尔南德斯（Jose "Pepin" Rodríguez Fernandez）和他的罗德里格斯与阿圭列斯公司（Rodríguez, Argüelles y Cia）收购之后，这个雪茄系列更受欢迎。丕平之前是哈瓦那卡巴纳斯工厂的老板，他是一位游历甚广的绅士，经常在欧洲和美洲之间旅行。他积极地宣传自己的品牌，还拥有一匹名马，恰如其分地取名为朱丽叶，并用它参加世界各地的比赛。他常常用马的胜利来推广他的产品并且非常有效。

英国首相温斯顿·丘吉尔爵士大概是该品牌最著名的粉丝。罗密欧与朱丽叶的王牌型号就是以丘吉尔的名字命名的：长7英寸、47环径的雪茄被称为丘吉尔。其形状和尺寸现已成为行业产品标准。

1954年，88岁高龄的丕平去世了，此时离革命战争仅有5年。该品牌现在仍在古巴生产，是举世闻名的该国最畅销的雪茄之一。

雪茄

- Belicosos
- Belvederes
- Cazadores
- Cedros De Luxe No.1
- Cedros De Luxe No.2
- Cedros De Luxe No.3
- Churchills
- Coronitas en Cedro

- Exhibición No.3
- Exhibición No.4
- Julieta
- Mille Fleurs
- Petit Churchills
- Petit Coronas
- Petit Julieta
- Puritos

- Regalias De Londres
- Romeo No.1 Tubos
- Romeo No.2 Tubos
- Romeo No.3 Tubos
- Short Churchills
- Sports Largos
- Wide Churchills

★ 罗密欧与朱丽叶短丘吉尔 ★

（Romeo y Julieta Short Churchill）

　　这支雪茄是一年前我在一次聚会上得到的。信不信由你，我不记得以前抽过这种烟。这支特别的雪茄是个很棒的东西，值得期待。雪茄盒上的日期是 2012 年；我已经说了一年多了，拙见以为，那是古巴雪茄的好年份。它被认为是罗布图规格，尺寸为 50×124（4.9 英寸），自 2006 年以来一直以 10 支和 25 支装的硬彩纸木盒以及 3 支铝管装的硬纸板盒包装出售。

　　这支雪茄有的地方有点凹凸不平，但此外都是平滑的。让我害怕的是，它硬得像岩石，这可能是卷制太紧的证明，但未点燃时的抽吸却显示了另一种情况。抽吸状况良好。除了一点木头味，此时我什么也没感觉到。点燃之后，它是柔和到适中强度，带有木头的风味。前半英寸燃烧平直，但在那之后的几乎整个抽吸过程中，燃烧都在偏移；我不停地用打火机来补燃。我知道我的许多读者不喜欢我这样做，但我相信，如果你让燃烧失控，独木舟式燃烧太严重，它会改变烟的口感。

　　到第一英寸处为止，雪茄非常醇和，没有粗糙的锐利感，有一丝可可豆味出现，但压倒性的仍是木头味。抽过第一英寸不久，烟灰就自己掉落了。此时雪茄更偏向柔和。风味基本保持不变；但刚抽过一半，泥土味就开始出现，然后接管了剩下的三分之一段，成为主导风味，一直到最后。整个过程中，我都在用打火机补燃雪茄，确保燃烧相对平直。到最后一英寸时，它的力量增强了，但直到最后一刻仍然抽吸得很好。

　　除了燃烧偏移问题，这是一支完美的雪茄。我非常喜欢抽这种雪茄，并会向所有新手推荐这种短丘吉尔——对于经验丰富的雪茄爱好者来说，它可能有点太柔和了。当然这并不奇怪，因为众所周知，罗密欧与朱丽叶是古巴雪茄中较为柔和的品牌之一，这一规格也不例外。如果你是一个雪茄新手，或是经验丰富的雪茄迷但想找一支早餐时抽的雪茄，那么这款雪茄就是为你准备的。

——M.S.

✶ 温斯顿·丘吉尔 ✶
（Winston Churchill）

温斯顿·伦纳德·斯宾塞－丘吉尔爵士（1874 年 11 月 20 日—1965 年 1 月 24 日）是 20 世纪最伟大的战时领袖之一，他确实是一个多才多艺之人。他同时是历史学家、作家和艺术家，曾是英国陆军军官，获得过诺贝尔文学奖，并在战时担任英国首相。他的任期为 1940—1945 年、1951—1955 年。

他还是一名雪茄爱好者。

1895 年，丘吉尔前往古巴寻求刺激和军事荣誉，以使自己脱颖而出。当时古巴正在反抗西班牙的统治。丘吉尔后来写道，那是在古巴，"这里正在发生真实的事情。这里正在上演重要行动。这是一个任何事情都可能发生的地方。这是一个肯定会发生什么事情的地方。我可能会把骸骨留在这里"。

1895 年 11 月，穷得叮当响的丘吉尔和他的一个军官同僚住在一家大酒店里，靠橘子和雪茄维生。正是在这里，丘吉尔爱上了古巴烟草艺术。在他的晚年，他每天要抽 14 支雪茄，许多被他留在烟灰缸里阴燃，他很乐意捡起雪茄咀嚼烟头。在位于肯特郡的乡村居所查特韦尔庄园（Chartwell Manor）里，丘吉尔一直存放多达 3000—4000 支雪茄。其中大部分是古巴雪茄。

后来，二战结束后的 1946 年，温斯顿·丘吉尔访问了哈瓦那。他特地参观了罗密欧与朱丽叶工厂，并会见了西蒙·卡马乔（Simon Camacho）（他后来在美国创立了自己的品牌）。为了纪念他的古巴之行，人们制作了一种特殊的茄标。丘吉尔最喜欢的型号和规格以他的名字命名，丘吉尔雪茄至今仍是最受欢迎的型号和样式之一。

圣路易斯·雷伊
（Saint Luis Rey）

强度：浓郁

　　圣路易斯·雷伊品牌创建于 1938 年，公司成立于 1940 年。该雪茄的名字来源尚不清楚。最有可能的是，它是以古巴布埃尔塔·阿瓦霍烟草种植区的圣路易斯镇命名的。这也是雪茄最初生产的地方。也有人推测，它们是以桑顿·威尔德（Thornton Wilder）1927 年的著名小说《圣路易斯·雷伊之桥》（*The Bridge of San Luis Rey*）命名的。

　　如今，这些古巴雪茄完全是用布埃尔塔·阿瓦霍地区种植的烟草手工卷制的。它们被认为质量非常非常好，价格有竞争力，物超所值。

 雪茄

■ Double Coronas　　　　　■ Regios　　　　　■ Série A

FABRICA DE TABACOS
SAINT LUIS REY

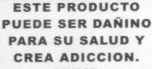

ESTE PRODUCTO
PUEDE SER DAÑINO
PARA SU SALUD Y
CREA ADICCION.
MINSAP

SANCHO PANZA
CUESTA y Cía
HABANA

桑丘·潘沙
（Sancho Panza）

强度：柔和

这个雪茄系列由埃米利奥·艾哈迈斯特德（Emilio Ahmsted）于 1852 年创立，是以乡下人伙伴桑丘·潘沙的名字命名的，他是西班牙作家米盖尔·德·塞万提斯（Miguel de Cervantes）1605 年的小说《唐吉诃德》中与唐吉诃德并肩骑行的人物。

桑丘·潘沙是一个农民，在塞万提斯的小说中被招募为侍从，为唐吉诃德服务。在整部小说中，桑丘以西班牙谚语的形式提供世俗智慧，而这些微妙的智慧经常让他的主人唐吉诃德感到惊讶。这些智慧后来被称为"桑丘主义"（sanchismos）。

这个口感醇厚、强度适中的品牌因其较大型号雪茄而备受推崇，尤其是巨大的桑丘雪茄。这些雪茄是在罗密欧与朱丽叶工厂生产的，所用的烟叶产自著名的布埃尔塔·阿瓦霍地区。

雪茄

■ Belicosos ■ Non Plus

✦ 桑丘·潘沙标力高 ✦
（Sancho Panza Belicoso）

　　好几年来，我一直想买一盒这种雪茄。这是许多年前我第一次去古巴旅行时买的第一批雪茄之一。我很喜欢它们，但在那之后就再也没有买到过；它不是大部分人都会拥有的雪茄，你可能发现它们在售卖，但是是单支卖的。然而，在我上一次哈瓦那之旅中，我脑海中浮现出这样的想法：我不仅要买一盒，还要寻找有一点历史的。我的第一站也是唯一一站是米拉玛（Miramar）的哈瓦那之家俱乐部，那里离我住的地方不远。这家雪茄店以拥有限量版和陈年雪茄珍品而闻名。

　　我没有错，他们有三盒上年的桑丘以及我买下的这盒标力高。它被打开过几次，但没人买下来，我不知道为什么。观察一下，它们并不太漂亮，我想这可能让人丧失兴趣。雪茄上覆盖着一层烟尘，末端看上去发霉了，闻起来也是。我赌了一把，认为这么有声望的雪茄店不会卖一盒坏雪茄。接待我的是豪尔赫（Jorge），这家店的主卷制师。

　　正如我上面提到的，这不是一支漂亮的雪茄，茄帽也好不到哪里去。它很干，摸起来坚硬，但几乎没有叶脉。点燃前抽吸，我感到一丝泥土、木头和茶的味道，并且嘴唇上留下了胡椒味。刚一点燃，我就闻到一股焦糖味，胡椒味从我嘴里消失了。抽了几口之后，雪茄的味道稳定下来，我感受到切实的茶和木头风味。刚开始时，这是一支又大又强的雪茄，正如我记忆中那样，口感很好。过了前半英寸，锐利感消失了，开始变得醇厚。此时泥土味是主导风味，底色是木头味。过了第一英寸，它继续变柔和……又过半英寸，燃烧状况完美……风味没有变化。

　　将到一半时，我弹了弹烟灰。我有一种感觉，雪茄就要被烟灰闷住了；我是对的，中间燃烧得有点热。燃烧状况仍旧很棒，风味依然没有改变。在最后四分之一段，它恢复了一些强度，而且最后变得对我来说有点太苦了。

　　我很喜欢这支雪茄，很高兴买下了这一盒。它既不复杂也不浓烈。一开始是一记猛击，但很快就稳定下来，变成了相当柔和的雪茄。我不知道再放置一段时间它们是否会变得更好，但它不像我抽过的其他任何金字塔形雪茄……可能与蒙特 #2 接近。我会再抽一支以便进行比较。

——M.S.

圣克里斯托瓦尔·德·拉·哈瓦那
（San Cristobal de la Habana）

强度：淡到适中

圣克里斯托瓦尔这个名字可能是对在西班牙旗下航海的意大利探险家克里斯托弗·哥伦布的致敬。然而，圣克里斯托瓦尔还是古巴首都哈瓦那的原名，这座城市建立于 1519 年，是以该市的守护神圣克里斯托弗（Saint Christopher）的名字命名的，他是所有旅人的保护者。

在革命战争之前，古巴存在着另一个名为圣克里斯托瓦尔·德·拉·哈瓦那的品牌，但这一较新的高档雪茄系列与之完全无关，也不是旧品牌的重组。

1999 年 11 月 20 日，圣克里斯托瓦尔·德·拉·哈瓦那系列在哈瓦那正式上市。该品牌最初推出了四款雪茄，五年后又增加了三种新款式。

雪茄

- El Morro
- El Príncipe
- La Fuerza
- La Punta

SAN CRISTOBAL DE LA HABANA

La Habana-Cuba

ESTE PRODUCTO PUEDE SER DAÑINO PARA SU SALUD Y CREA ADICCION.
MINSAP

DENOMINACIÓN DE ORIGEN PRO

Habán

AC358088

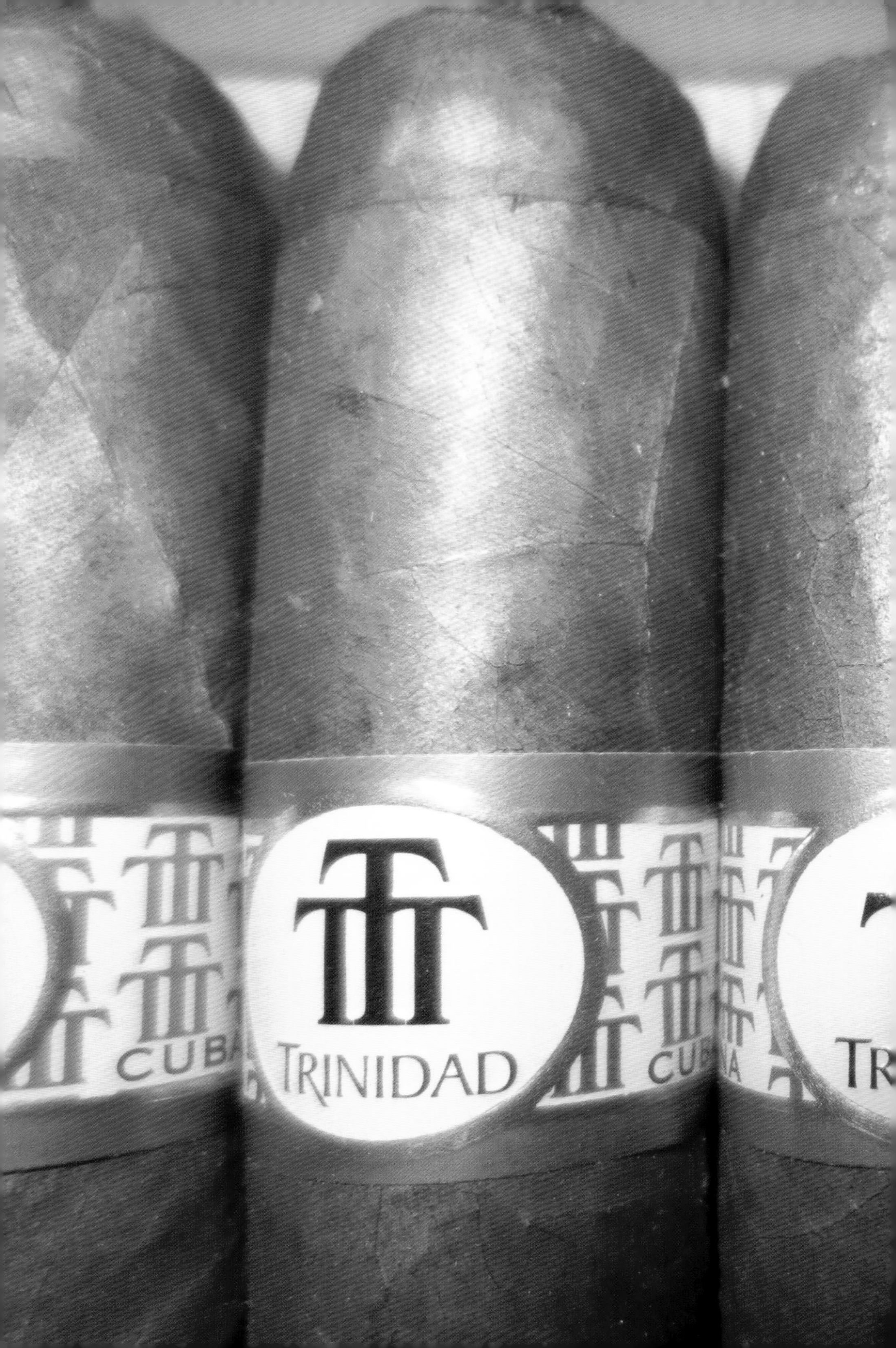

CUBA
TRINIDAD

特立尼达
（Trinidad）

强度：柔和

有很长一段时间，特立尼达雪茄被开玩笑地称为"独角兽品牌"——雪茄迷们常常谈论，但几乎没有人见到过的东西。从 1908 年开始，特立尼达雪茄主要被古巴政府用作赠给外国外交官的礼物，而国内发行的不足只会增加它们的传奇色彩。

20 世纪 90 年代早期，特立尼达系列引起人们注意；当《雪茄迷》（*Cigar Aficionado*）采访阿韦利诺·拉腊（埃尔·拉吉托前负责人，雪茄生产商）时，它获得了更多关注。尽管拉腊声称菲德尔·卡斯特罗是这种雪茄的粉丝，但卡斯特罗在他的自传中宣称自己对该品牌知之甚少。

所用的烟草来自著名的布埃尔塔·阿瓦霍地区。特立尼达雪茄是用与高希霸非常相似的混制配方生产的，但是没有经过第三段发酵，而那是高希霸的标志。

古巴雪茄专家、哈伯纳斯公司前高管阿德里亚诺·马丁内斯（Adriano Martínez）表示，特立尼达品牌 1969 年首次在哈瓦那的埃尔·拉吉托工厂生产，那也是高希霸的生产地。

1998 年 2 月，在哈瓦那自由酒店（Habana Libre Hotel）的开幕式上，特立尼达品牌推出面向大众消费的产品。最初发行的只有芬德多（Fundador）一种型号，这是一种带有坚果味、口感丰富、风味适中的雪茄。后来几年又增加了其他型号。1998 年 4 月，这种雪茄首先在加拿大和墨西哥上市。

　　这种雪茄是以古巴特立尼达市的名字命名的。

❧ 雪茄 ☙

- ■ Coloniales
- ■ Reyes
- ■ Vigia
- ■ Fundadores

TRINIDAD

HABANA-CUBA

✭ 特立尼达暗礁 ✭
(Trinidad Vigia)

这支雪茄是我收到的礼物，连同一些高希霸罗布图至尊一起，在高希霸之后我立刻抽了特立尼达。说这是一个很棒的抽雪茄日，都显得轻描淡写。这两种雪茄在我的"必尝"清单中都名列前茅，现在它们要被移到"必买"清单中，因为它们终于上市了。又一支卷制得很出色的雪茄，硬得像石头，漂亮的浅色茄衣，茄帽上有一个完美的小辫子。它摸起来很干，没有叶脉，看起来令人愉悦。这支雪茄的尺寸为 54×110（4.3 英寸），是一种小罗布图。

未点燃时抽吸，我什么也没感觉到，但我知道抽吸将是完美的。点燃之后，我品尝到了皮革味，还有一丝木头味。开始时这是一支适中偏柔和的烟。我察觉到一缕烤坚果味出现。抽到半英寸处，燃烧状况良好。到第一英寸处，是皮革和木头味，以及一点红茶味。在大约四分之一处，烟灰自行掉落了；我的味蕾适应了，发现它是柔和的雪茄。它很容易抽，非常醇和，对如此新的雪茄来说很少见。

抽到大约一半时，这支雪茄变得泥土味非常明显，带有一点木头和香料味……它的强度开始提升。到了四分之三处，茄衣裂开了一点，当我继续抽吸时，它裂开得更大了。虽然破裂的茄衣没有影响雪茄的风味，但它确实产生了一股难闻的、最终让人不舒服的烟雾。到最后的四分之一时，它有点让我生气，但吹一下可以暂时摆脱那种讨厌的味道。

显然这是一支新雪茄，虽然新雪茄抽起来通常有点粗糙，但这支却没有这种迹象。这支雪茄有点杂乱，我觉得它需要一点时间稳定下来。我认为几年后第一次推出的雪茄将会受到雪茄迷们的追捧。那些令人期待的雪茄，第一次发布的总是最好的，很少能够复制。如果你打算购入，我建议一上市就去买。

——M.S.

✯ 特立尼达短罗布图 T2010 限量版 ✯
（Trinidad Short Robusto T Edicion Limitada 2010）

　　这是我又一次尝试特立尼达雪茄。距我上一次抽这种雪茄已经过去了两年，但它没有太大变化。这支雪茄是我收到的礼物，所以我想看看它与我拥有的那盒（或者说盒里剩下的）有什么不同。我不得不说，以前尝试的时候我真的不喜欢这种雪茄，它不是我喜欢的样式（风味方面）。我知道很多人喜欢这支雪茄，但除非它在未来几年内有所改变，否则我还是会坚持自己对它的看法。

　　它们是些颜色较深的雪茄，这支也不例外，我看到的都是一样的。这支摸起来很硬，而且有一点叶脉。未点燃时抽吸，有很大的雪松味。点燃之后，就像以前一样，一开始就非常浓烈，带着很大的泥土风味。开始时有点粗糙，但过了前四分之一英寸就变得醇和了，仍然强劲。中间燃烧得很热，必须再次点燃——我还没抽到第一英寸处。在大约四分之三英寸处我感到一丝花香，在余下的抽吸过程中又发现了几次。我得说，根据我的记忆，它比两年前（以及更早之前）抽的那支醇和一点，但它还有很长的路要走。我一刻也不能离开雪茄，否则它就会熄灭。看起来它卷制得有点松（尽管雪茄很硬），中间部分一直燃烧得较热，这通常会导致雪茄熄灭。我不断地用打火机去补燃。风味在过了前半英寸稳定下来之后就没有真正改变很多，而且重新点燃似乎也没有使其改变。

　　虽然这些雪茄好了一点，但我还是得说，我不喜欢它们。我相信你们中有些人会和我争论，但没有什么可争论的。我们都有自己的口味，这支雪茄不适合我。在我看来，它仍然需要搁置一段时间，但我不认为这有助于解决燃烧问题。我本人不喜欢跟雪茄斗争，认识我的人都知道，我扔掉了许多刚开始抽的雪茄，因为它们有燃烧问题。我不喜欢将时间浪费在一支坏雪茄上，生命太短暂了。我确实想尽可能多地抽这支雪茄，但最后还剩下大约三分之一时我放弃了。我真的很想喜欢这支雪茄。我

会将剩下的这几支放起来，也许等几年再尝
试一次。它们仍有很多时间。

——M.S.

维加斯·罗宾纳
（Vegas Robaina）

强度：适中到浓郁

这一品牌于 1997 年推出，是以传奇人物亚历杭德罗·罗宾纳（Alejandro Robaina）的名字命名的，他被全世界的雪茄迷们认为是古巴著名的布埃尔塔·阿瓦霍地区最优秀的烟农之一。从 1845 年开始，罗宾纳家族一直在他们布埃尔塔·阿瓦霍地区的烟田里种植烟草。唐亚历杭德罗（Don Alejandro）是这个家族中水平最高的，后来成了名人，许多雪茄迷和游客纷纷前往他位于布埃尔塔·阿瓦霍地区圣路易斯镇的农场。不幸的是，唐亚历杭德罗因癌症于 2010 年去世。

每年唐亚历杭德罗收获的烟草中，有 80% 被认为适合作为古巴雪茄的茄衣烟叶。而在竞争对手农场，只有 35% 的烟叶能达到这一等级。如今，维加斯·罗宾纳生产一系列适中到浓郁的雪茄，都是纯手工制作的。这个品牌很快就在雪茄迷中流行了起来。

雪茄

- Don Alejandro
- Famosos
- Únicos

☆ 罗宾纳艺术 2006 版 ☆
(Robaina Art Edition 2006)

　　他们称这种雪茄为"著名的拉米雷斯"（Famoso Ramirez）（安吉尔·拉米雷斯是绘制了茄标上的图画的艺术家）；其规格是美丽 4 号或者特冠，尺寸为 48×127（5 英寸）。它们是硬彩纸木盒包装，带编号，每盒 25 支，只生产了 200 盒，2006 年发布。它们有两个茄标，一个是罗宾纳茄标，另一个是艺术家的作品，背后有一个数字。这是安吉尔·拉米雷斯参与制作的第一款艺术版哈瓦那雪茄，他是一个非常害羞、才华横溢的艺术家；我有幸在多年前与他结识。除了设计茄标，他还制作了四款限量版艺术品。

　　未点燃时抽吸，让我感到木头和巧克力味。点燃之后，抽吸完美无瑕，柔和，具有木头和稻草风味。这支雪茄的结构棒极了，看起来他们在卷制上很用心。抽到大约四分之一处，风味没有变化，非常醇厚但仍然柔和。燃烧状况良好。

　　抽到一半时，烟灰自己掉了下来；燃烧完美。这是一种非常柔和、没有个性的雪茄，但并不令人不快。又抽了几口之后，一丝泥土味出现了，但此外一直保持不变。我可以把它一直抽到最后。

　　我不知道有多少雪茄迷会喜欢这种雪茄，因为它价格高昂——我想这要归因于专营权问题，而且它不会刺激你的味蕾。但我还是很喜欢它，尤其是因为我既认识与雪茄同名的人，又认识设计茄标的人。值得一试，至少也要抽一次。

—M.S.

★ 罗宾纳小罗布图 2010 法国地区版 ★
（Robaina Petit Robusto Edicion Regional Francia 2010）

这款雪茄的尺寸为 50×102（4英寸），但没有在 2010 年发布。取而代之的是，大约两年后，3500 盒带编号、涂清漆、滑盖、10 支装的雪茄上市了。

这天我抽的这支是一个朋友送给我的。它有的地方有点凹凸不平，但此外都是平滑的，像石头一样硬。如果一支古巴雪茄点燃之前是这样的，我就总是担心它会存在燃烧问题。然而，剪切开凹凸的茄帽后，我在未点燃时抽了一下，它看起来很好，尝着有点甜。点燃后抽了几口，燃烧就偏移了。这支雪茄开始时是柔和的，具有木头和稻草风味。抽吸状况完美；抽到约四分之三英寸处，感觉像奶油。再抽一点，奶油味就消失了，取而代之的是泥土味。是啊，多大的变化啊，泥土味比木头味更多。燃烧似乎自行恢复了，但过了第一英寸又开始偏移。

接近一半时，我用打火机补燃，很快烟灰就自己掉了下来。现在全是泥土味，依然柔和。我必须不断地补燃这支雪茄，我不能忍受让它这样燃烧，有时这会影响风味。我几乎可以把它抽到最后。直到最后四分之一段，它才开始变得粗劣起来。

尽管这支雪茄有点柔和，但我还是喜欢它。风味简单而且宜人。如果有人要卖这种雪茄，我肯定会买一盒10支装的（有人要卖吗？）。对于那些刚开始抽古巴雪茄的人来说，这种雪茄尤其合适，而且我敢肯定它也不太贵。

——M.S.

威古洛
（Vegueros）

强度：柔和

　　威古洛与高希霸和特立尼达有着很大的共同点，那就是它作为一个神秘品牌存在了很长一段时间。

　　1961 年，位于古巴比那尔·德·里奥省的弗朗西斯科·多纳蒂恩工厂（Francisco Donatién Factory）开始生产面向国内市场的雪茄，此前一些年则是生产香烟。该工厂卷制的雪茄主要用于国家宴会和公共事务。它们被简单地称为"威古洛"，这个词语指的是在古巴烟草和甘蔗种植园里工作的农民和农场工人。这些产品的风格类似于多年来布埃尔塔·阿瓦霍地区的农民为自己制作的雪茄——一种手工的、质朴的、简单的雪茄。

　　在古巴雪茄烟草种植区旅行的游客对这种雪茄很熟悉。哈伯纳斯公司最终在 1997 年开始向外国市场销售该品牌雪茄。

　　为了保持威古洛的传统，这个品牌下生产的所有雪茄都是手工卷制的。

雪茄

■ Entretiempos　　　　　■ Mananitas　　　　　■ Tapados

VEGUEROS

PINAR DEL RÍO, CUBA

16 Entretiempos

ESTE PRODUCTO PUEDE SER DAÑINO PARA SU SALUD Y CREA ADICCION.
MINSAP

✮ 威古洛塔帕多 ✮
（Vegueros Tapados）

这些雪茄一度不太受欢迎，但是一旦他们停产一年，讨论一下如何改变和重新包装，突然每个人都会对其感兴趣（包括我自己）。威古洛系列始于1997年，有四个规格，并于2012年停产。销售情况真的不太好。那时它们较浓烈（就我的口味来说有点太粗糙），较近生产的则处于柔和到适中范围。它们都是用三支装的硬纸板盒包装或十六支装的金属罐包装出售的。我买的这个是三支装的塔帕多，尺寸为46×120（4.7英寸）。我不知道它是什么时候包装的，但是它们刚刚上市，大概就在几周前，2014年9月或10月。

这三支雪茄都卷制得特别好。它们都像岩石一样坚硬，然而一旦被剪切开并点燃，它们的抽吸状况都很完美。茄衣光滑，浅色，几乎没有瑕疵。这是一种非常好看的雪茄，只是上面恰好有一个威古洛的茄标。价格有点便宜，我真的没有对它期望太多，但它就在那里。

刚一点燃，抽吸状况很棒，燃烧恰到好处，很好地进入雪茄。木头味很明显，带着一点奶油味。抽到四分之一处时，有一点泥土味慢慢出现。接近一半时我弹了弹烟灰（在室内抽），否则它会一直在上面。风味几乎没有变化，是一支柔和到适中强度的烟。

过了一半，仍然是一支容易抽吸的雪茄，仍然很醇和。此时燃烧开始有一点偏移，但肯定不会影响风味。在最后的四分之一段，它的强度开始提升。当它难以握持时，我停了下来。

就这种雪茄来说，它真是太棒了。它的结构比一些更贵的雪茄还好。一天中肯定有一段时间适合抽这种雪茄。在我的旅行雪茄盒中，我总会放一些。你一定要试试它们，就像我做的这样，买一盒你喜欢的三支装规格雪茄。另外两个规格是小罗布图和小金字塔。

——M.S.

CARNAVAL

HABANA

FEBRERO MARZO

1941

个人贡献者（Individual Contributors）

马特奥·斯佩兰扎（Matteo Speranza）

马特奥·斯佩兰扎是北美研究古巴雪茄和生活方式的重要权威之一。他还曾是酒店行业的资深人士。然而，在过去的 13 年里，他逐渐转向旅游业。他到古巴旅行过 30 多次，考察该国的雪茄、食品和烈酒行业，每次旅行 4—6 周，每年旅行 2—4 次。他对雪茄情有独钟，同时也爱上了那里的人民和他们的习俗。他参观了比那尔·德·里奥地区世界著名的烟草农场，以及该地区许多不太知名的农场，还有许多雪茄工厂，一路上还会见了许多该行业的知名人物。他也是备受赞誉的行业博客"古巴雪茄、文化及生活方式"（Cuban Cigars, Culture & Lifestyle）的作者和编辑。他还在其他博客和雪茄网站上担任客座作家。他目前正计划针对古巴雪茄行业组建一个旅游团。他现在住在加拿大多伦多。

卡洛·德维托（Carlo Devito）

卡洛·德维托是一位拥有 20 多年出版经验的终身出版人。他是全国公认的食品、葡萄酒、啤酒、苹果酒和烈酒编辑。他出版了凯文·兹拉利（Kevin Zraly）、马特·克莱默（Matt Kramer）、奥兹·克拉克（Oz Clarke）、汤姆·史蒂文森（Tom Stevenson）、克莱·雷诺兹（Clay Reynolds）、詹姆斯·米汉（James Meehan）、萨尔瓦多·卡拉布雷斯（Salvatore Calabrese）、保罗·克诺尔（Paul Knorr）、约书亚·M. 伯恩斯坦（Joshua M. Bernstein）、斯蒂芬·博蒙特（Stephen Beaumont），以及戈登·拉姆齐（Gordon Ramsey）和比克曼男孩（Beekman Boys）的著作。他写了超过 15 本书，管理着一个广受好评的葡萄酒博客，为众多杂志撰稿，登上电视和广播 100 多次，还

是哈德森 - 查塔姆酒庄（Hudson-Chatham Winery）的所有人。他最近出版的著作包括《酒杯旁的生活：葡萄酒爱好者的日记》（*Life by the Glass: A Wine Lover's Journal*）、《如何在自己家中举办一场啤酒品鉴会：全套设备》（*How To Host a Beer Tasting Party In Your Own Home: A Complete Kit*）、《李太太的玫瑰花园》（*Mrs. Lee's Rose Garden*）和《发明吝啬鬼》（*Inventing Scrooge*）。

加里·科布：《如何识别假冒古巴雪茄》
（《雪茄顾问》，2014 年 5 月发行）
[Gary Korb— "How To Spot Fake Cuban Cigars"
（Published May 2014, *Cigar Advisor*]

自 2008 年 CigarAdvisor.com 上线以来，加里·科布就为它撰写和编辑内容。30 多年来，他一直热衷于抽雪茄；在过去的 12 年里，他作为资深的广告撰稿人、博主和雪茄评论家从事高端雪茄行业的市场营销工作。

丹尼斯·K. 图卢兹：《雪茄 101：选定你的第一个雪茄盒》
（2013 年 4 月发行）
[Denis K. Toulouse— "Cigars 101: Choosing Your First Humidor"
（Published April 2013）]

2007 年，丹尼斯·K. 图卢兹在《雪茄检查员》（*Cigar Inspector*）上创建了名为"雪茄评论"（Cigar Reviews）的博客，记录自己抽雪茄的体验。在欧洲，丹尼斯·K.（这个名字更广为人知）有机会接触到很多古巴雪茄。

沃尔特·怀特：《燃眉之急：雪茄燃烧问题》

（《斯托吉雪茄评论》，2011 年发行）

[Walt White— "The Burning Question: Burn Issues in Cigars"

(Published 2011, *Stogie Review*)]

　　沃尔特·怀特是"斯托吉雪茄评论"（Stogie Review）的联合创始人之一，这是个首屈一指的雪茄评论博客。在许多在线雪茄论坛上都能看到他的身影，他不断地挑战着网络技术的极限。

致　谢

出版者要感谢哈伯纳斯公司和古巴烟草公司的支持与合作。我们还要感谢 CigarInspector.com 的丹尼斯·K.；famous-smoke.com 和 cigaradvisor.com 的加里·科布；沃尔特·怀特；教育学博士，斯托吉新鲜雪茄出版物（Stogie Fresh Cigar Publications）的出版人、编辑大卫·"医生"·迪亚兹（David "Doc" Diaz）；当然还有 EffortlessGent.com。同时，感谢国会图书馆的乔治亚·左拉（Georgia Zola）和塔蒂安娜·拉拉昆特（Tatiana Laracuente）的帮助和指导。当然，还要感谢惠特尼·库克曼（Whitney Cookman）漂亮优雅的封面设计。

我要感谢我的古巴家人和朋友，如果没有他们，我在古巴永远也不会有这样的经历。我的好朋友阿米尔总是会伸出援助之手，我非常感激。我也很感谢古巴雪茄行业的许多业内人士，他们对像我这样的雪茄爱好者敞开了大门。特别感谢科莫多罗酒店的雪茄店工作人员，他们不仅是我的朋友，而且让我明白他们的商店就是我的家。我不能忘记第一次去哈瓦那时就结识了的帕塔加斯雪茄店一家，他们把我当成了这个家庭的一分子。此外，感谢卡洛·德维托，他与我联系并邀请我参与这个项目。苹果坊出版社（Cider Mill Press）的亚历克斯·刘易斯（Alex Lewis）、布列塔尼·瓦森（Brittany Wason）和杰米·克里斯托弗（Jaime Christopher）给了我们巨大的帮助；我们也不要忘记出版者约翰·惠伦（John Whalen），没有他，这一切都不可能实现。谢谢你！

——马特奥·斯佩兰扎

可供进一步阅读的古巴雪茄网站

Cigar Advisor
https://www.famous-smoke.com/
cigaradvisor/

Cigar Aficionado
http://www.cigaraficonado.com

Cigar Inspector
http://www.cigarinspector.com/

Cigar One
http://www.cigarone.com/

Cigar Press Magazine
http://www.cigarpress.com

Cigars of Cuba
https://www.cigars-of-cuba.com/

Cuban Cigar Website
http://www.cubancigarwebsite.
com/

Cuban Cigars, Culture & Lifestyle
http://www.
cubancigarsculturelifestyle.
blogspot.com

Finest Cuban Cigars
http://www.finestcubancigars.com/

Habanos S.A.
http://www.habanos.com/en/

Stogie Fresh Cigar Publications
http://www.stogiefresh.info/

YUL Cigars
http://www.yulcigars.blogspot.ca/

**有关正宗古巴朗姆酒的
更多信息，请访问：**

The Master of Malt
http://www.masterofmalt.com

The Rum Diaries
https://rumdiariesblog.wordpress.
com

The Rum Dood
http://www.therumdood.com/

The Rum Howler Blog
http://www.therumhowlerblog.com

The Whisky Exchange
http://www.thewhiskyexchange.
com